U0167863

Residences Reimagined

住宅改扩建

[英] 弗朗西斯科·皮耶拉齐（Francesco Pierazzi）编
潘潇潇 译

广西师范大学出版社
·桂林·
images
Publishing

目录

弗朗西斯科·皮耶拉齐（Francesco Pierazzi）

弗朗西斯科·皮耶拉齐从事建筑设计工作已有 20 余年，他的作品遍布意大利、德国和英国。在意大利工作期间，弗朗西斯科参与了多种类型项目的设计，从高端零售店到临时住房都有所涉猎。在此期间，他还担任佛罗伦萨建筑学院（Faculty of Architecture in Florence）的讲师和佛罗伦萨艺术学校（Interior Design at the Art School Florence）室内设计专业的讲师。

弗朗西斯科于 2002 年来到伦敦，加入 Charles Barclay 建筑事务所，负责整个伦敦地区高端住宅项目的设计。他在很多国际设计竞赛中都有非常出色的表现，其参与过的诺森伯兰郡基尔德天文台（Kielder Observatory in Northumberland）项目曾获英国皇家建筑师协会大奖。

弗朗西斯科的个人建筑事务所于 2014 年在伦敦成立，其业务范围不仅限于伦敦地区，也涉及很多海外项目。

老宅新生

由于职业的关系，我经常碰到改造既有建筑的项目，这些建筑可能需要改建或扩建，或只需要巧妙地干预即可。虽然这些干预措施或复杂，或简单，但是我将每个项目都视为一次反思过往的机会：可能是对自己从业经历的回顾，例如，先前完成的某个项目多年后仍然会引起我的思考；也可能是对可以为我提供灵感的事物的思考，例如，先前看过的一本小说、一件艺术品、一部电影，或是一栋建筑。

我深入地研究过“没有过去，就没有未来”这句话，虽然它的出处仍然是个谜。尽管很多作家都对这句话进行过解读，或试图重新赋予其含义，让它变成自己想要表达的内容，但其根本意义仍然是：想要了解我们前进的方向，就要知道我们从何处而来。

卡尔·埃莱凡特（Carl Elefante）因“最环保的建筑是已经建成的建筑”这句话而出名。当我再次回顾 2007 年夏天那期《论坛期刊》（*Forum Journal*）中的文章时，想起关于“重新利用庞大建筑存量价值”的讨论。不可否认的是，这个讨论的提出是出于应对气候变化压力的考量。我们深知建造一栋房子会消耗很多的能源，因此，为了有效地应对环境危机，我们需要采用更具可持续性的建造方式，同时要保护好现有资源，感恩它们为我们的环境和生活做出的贡献。

可持续性理念的迅速发展要求设计师尝试通过升级改造的方式重构建筑，并为业主创造高品质的生活环境。我喜欢将老房子比作耶利哥蔷薇或复活草——这类苔藓植物长有灰色的叶子，可以在长时间脱水的情况下存活，并进入类似休眠的状态。这种状态出现在夏季，在不了解这种情况的人们的眼中，叶子卷曲的植物似乎已经死掉了，但实际上，当环境条件满足时，这类植物会恢复生机。当我开始策划新的项目时，经常会想到这类植物的叶子，于是将自己的状态积极调动起来。我认为在塑造建筑环境的过程中，我们也塑造了自己的生活。

我会从很多地方汲取灵感。例如，谷崎润一郎（Junichiro Tanizaki）的小说《细雪》（*The Makioka Sisters*）中弥漫的那种挥之不去的无常感，影响着我的设计作品；贾恩·斯库恩霍文（Jan Schoonhoven）的几何雕塑作品给木质扩建结构的设计带来了启发；莫里斯·梅洛－庞蒂（Maurice Merleau-Ponty）的哲学思想证明了“感知”在人们了解世界时所起的作用——这种思想给了我很多启发，并在“诺丁山复式住宅”这个项目中得以应用。

我的大多数设计作品位于伦敦，那里有维多利亚时代建造的连栋住宅，它们占据了住房存量相当大的一部分，甚至可以说是这座城市的典型特征之一。对于不了解这类房屋历史的人来说，这里每座房屋的设计都非常相似，好像是根据几乎完全相同的技术图纸建造的。当我搬到伦敦东南区的一栋建于19世纪末的维多利亚式连栋住宅时，才偶然得知这栋房子之前的主人在1973年曾对房子进行改造。在当时的英国，自己动手改造房子十分盛行。但事实上，有些建筑可能已经没有改造的必要了，我当时搬进的那栋房子就是如此。在这种情况下，我还是试着重新诠释了20世纪70年代的美学思想。我保留了几何形状的天花板瓷砖和各式各样的网眼帘，同时，拆掉了大约40种不同的材料和装饰——从仿瓷砖到粗绒地毯，从软木砖到墙纸。拆掉这些后，房子开始焕发生机，原有结构也得以重新发挥主导作用。

这种基于家庭考古（domestic archaeology）的实践是一个富有创造性的过程，我希望在顺应环境的前提下完成改造，同时坚持可持续发展的原则。一些设计方案刻意强调其新颖性，但那种新颖性通常是短暂的。能够以既定的设计原则为指导，构想出经得起时间考验的持久性建筑，才是确保建筑师设计出更耐用的建筑的最佳方式。我的目标是建立与过去的联系，使过去和现在变成连续的统一体，从而实现新与旧的完美融合。

我支持在可持续发展的基础上对原有建筑进行再利用，无论它们属于何种建筑类型，建筑师都可以对它们进行升级改造，以提高能源使用效率，并让老建筑焕发新的生机。

这些老房子的故事还没有结束，值得我们去续写。

黄金海岸的优美起居空间

项目地点：

澳大利亚，黄金海岸

完成时间：

2015

设计：

Jamison 建筑事务所

摄影：

Remco 摄影

在这个改造项目中，设计师克服了众多场地和施工限制因素，最终打造了一栋非常个性化的房屋。

业主从最初就有非常明确的想法，并且希望参与项目的设计和施工，包括从设计理念的确定到材料的选择，再到最后的装饰。防火规范等城镇规划方面的要求以及老建筑的结构问题给设计师带来了诸多设计和建造上的挑战，但设计成果证明设计师的努力是值得的，新的“家”见证了他们和业主一起努力实现目标的过程。

改造的房间位于一栋建于 20 世纪 60 年代的复式建筑的二层。设计团队的首要任务是使居住在空间内的人们可以欣赏到优美的景色，而不是像改造前那样受到低矮屋顶和小窗户的限制。此外，他们还增设了三层空间，作为主卧和休闲娱乐区域，以便充分利用这里绝佳的观景位置。全新的主卧套房宽敞、奢华，分为卧室区、休息区、浴室套间，并设置了嵌入式衣柜，打开门可以进入有屋顶的娱乐平台和休息区，关上门又可以营造一个多功能空间。

在全新的起居空间中，人们透过宽敞的北侧窗户可以望见黄金海岸，令人惊叹的景色让居住者非常享受。精心设计的玻璃窗和遮阳用的装饰百叶窗，既可以加强与周围环境的联系，又可以保护业主的隐私。设计师帮助业主实现了梦想，也让他们过上了想要的生活。

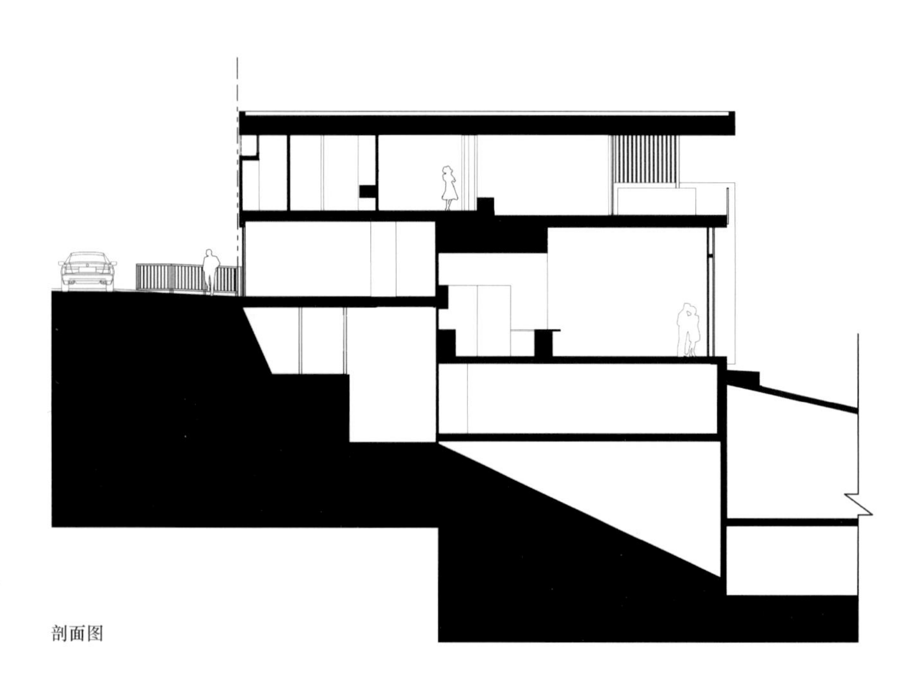

剖面图

二层平面图

一层平面图

卡尔·乔迪和安娜的住宅

项目地点：

西班牙，加泰罗尼亚

完成时间：

2018

设计：

Hiha 工作室

摄影：

波尔·维拉多姆斯（Pol Viladoms）

原建筑是由两栋共用一堵夯土墙的住宅构成的，其建筑风格与该地区的传统房屋相互呼应。设计团队利用新材料对原建筑进行改造和翻新，旨在将旧空间改造成符合当下需求，并能够适应全新生活方式的居所。

设计团队清空了部分旧空间，同时舍弃了一些既有的建筑元素，并减少了需要重新修缮的建筑表皮，以此来减少开支，从而将重点更多地放在私宅的功能性需求上。他们在南北立面之间设置了一个通高空间，使室内外空间的联系变得更加紧密，同时两栋住宅在整体上也变得更加紧凑。这样的设计削弱了空间的进深感，使自然光线可以进入住宅的中心区域。

设计团队着力为住宅营造浓厚的家庭氛围。新增的通高空间为住宅带来了更多的开放感。日常活动空间设置在不同的楼层，但在视觉上存在联系，而私密性更强的卧室则位于这些空间的周围。

改造后的住宅共有三层：一层设有古罗马建筑中常见的狭窄的通道式入口，向小镇上的传统房屋致敬；二层则是住户日常活动的核心区域，包括起居室、厨房和餐厅，同时还与室内露台和卫生间相连；顶层设有多个房间及配套的卫生间。

为展现传统材料的本质，在项目正式开始前，设计团队拆除了原建筑的装饰和铺装，使其恢复最初的样貌。但是，他们希望在复原房屋精髓的同时，赋予建筑的材料、纹理和色彩新的特点，并纳入新的空间语言。值得一提的是，夯土墙因具有调节室内湿度、温度和声学环境等作用，在新的空间中扮演着极其重要的技术性角色。

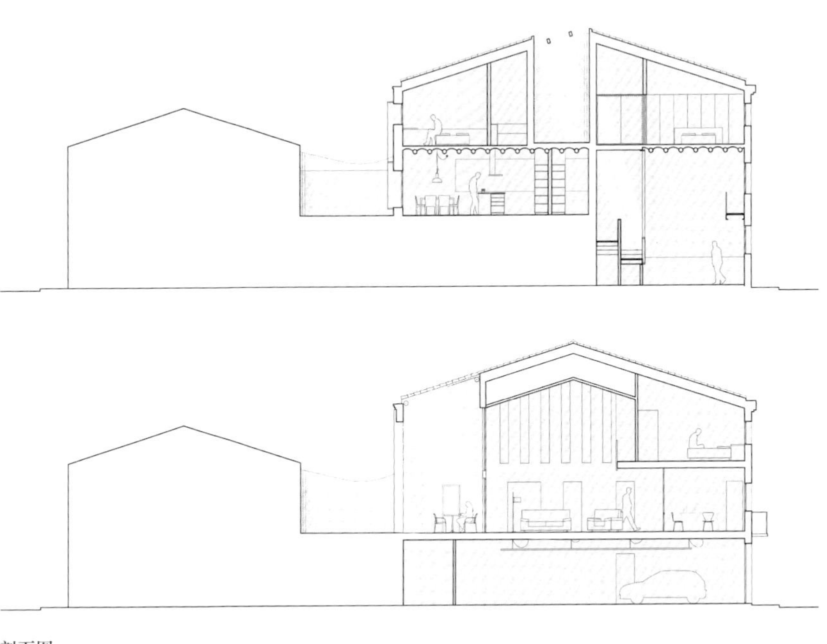

剖面图

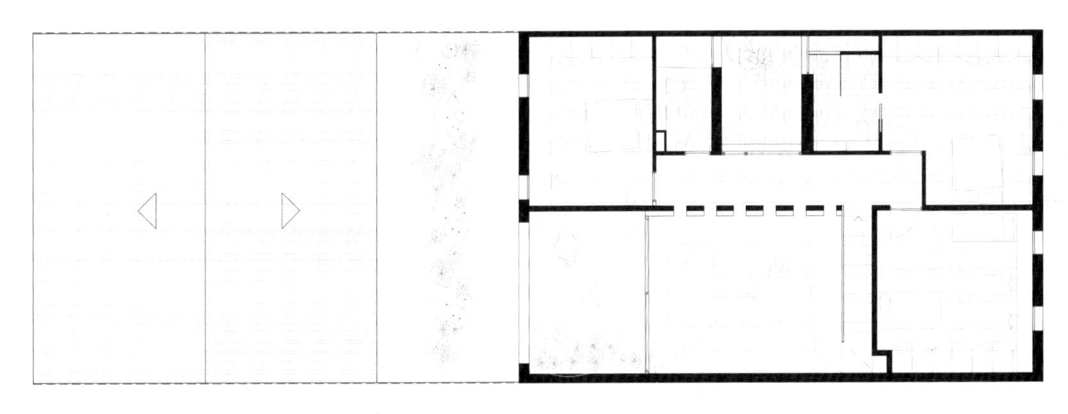

三层平面图

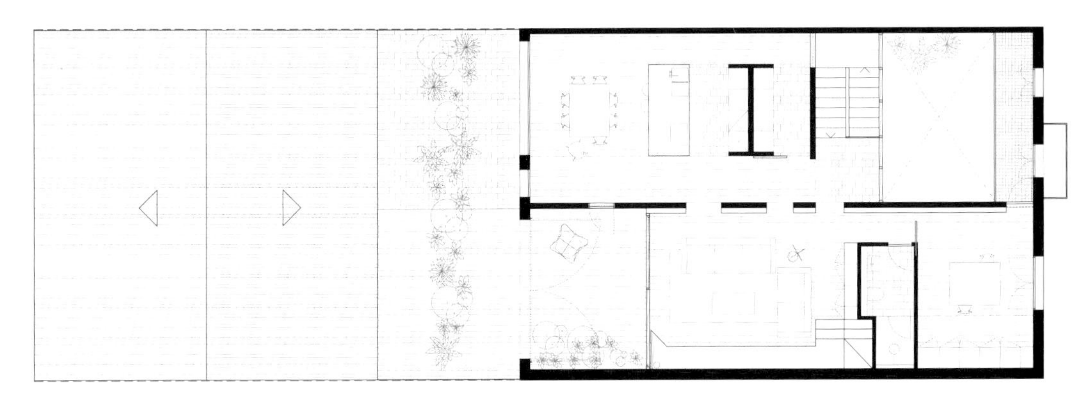

二层平面图

爱丁堡玻璃亭

项目地点：
苏格兰，爱丁堡
完成时间：
2019
设计：
Archer + Braun 建筑事务所
摄影：
大卫·巴伯尔（David Barbour）

除了对原建筑进行翻新以容纳不断增加的家庭成员，业主还想要一个全新的开放式厨房和餐厅，以满足现代生活的需要。

原建筑是一栋维多利亚风格的别墅，由一系列各具特色的大房间组成。该项目最大的限制是原建筑属于受保护的建筑，于是设计师保留了原建筑内的大部分房间，只对房屋后方的次要空间进行了重新规划。团队设计了一个玻璃材质的长方形体块，营造了一个采光充足的空间。这个空间是开放式的，结构并不复杂，与历史悠久的原建筑形成了鲜明的对比，并与原来的门廊形成一条轴线。通过这条轴线可以看到远处的花园，透过大面积的滑动玻璃墙又能看到建筑内部的开放空间。玻璃结构将原有建筑与扩建结构分隔开来。

建筑的石墙是用当地暖红色的细纹砂岩打造的——当地一些极具辨识度的建筑都是用这种砂岩建造的，如苏格兰国立肖像美术馆（Scottish National Portrait Gallery）。设计师特别留意了石料的规格和细节，以确保整体的美观性。大块的石料是从采石场的特定夹石层中挑选出来的，与之搭配使用的砂浆也是在同一个采石场采购的。关于石料的问题，他们进行了大量的研究和讨论，最终采用的实心石料（而不是石材覆面）可以减少项目中混凝土砌块的数量。设计团队对建筑的原有结构也进行了升级，包括增加新的窗户，进行屋顶保温处理，安装地下供暖系统，铺设新电路，安装节能灯，以及改善扩建结构的隔热效果。由于扩建结构使用了大量的玻璃面板，建筑师为整个结构安装了太阳能百叶窗，以避免内部空间温度过高。

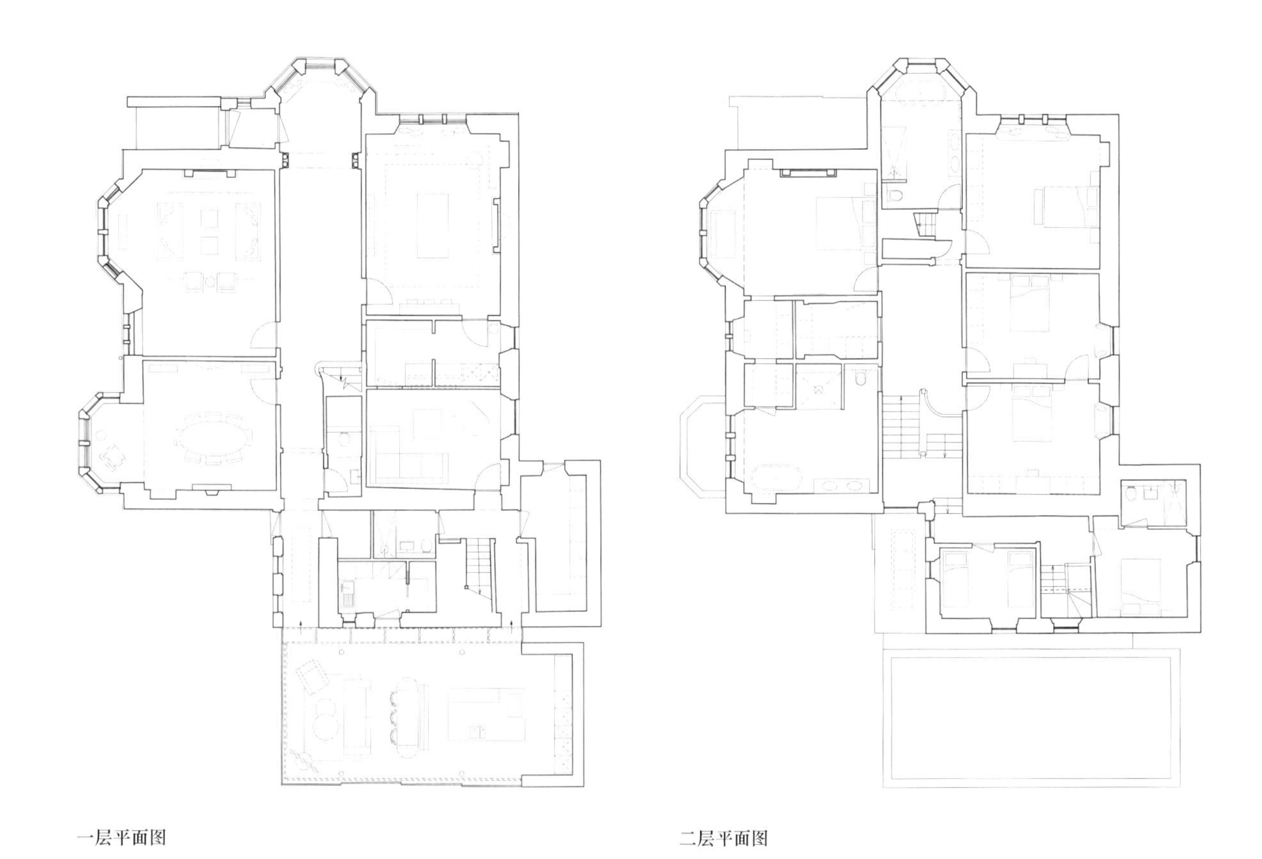

一层平面图

二层平面图

塔屋

项目地点：
澳大利亚，爱范顿
完成时间：
2015
设计：
Austin Maynard 建筑事务所
摄影：
彼得·班纳特工作室（Peter Bennetts Studio），
苔丝·凯利（Tess Kelly）

业主夫妇和他们8岁的双胞胎儿子想要一个融合艺术气息和大自然的家。

塔屋坐落在澳大利亚维多利亚州爱范顿，经过改造和扩建后变成了一座带有封檐板的房子。设计团队对原有建筑进行了修复，包括两间儿童房、一间浴室和一个起居空间，而工作室、主卧、浴室、厨房和餐厅则设置在房屋的增建部分。

在早期的设计讨论会上，设计团队为双胞胎男孩准备了纸和铅笔，让他们在一旁安静地自娱自乐，大人们则在一起探讨“更为重要的事情”。在探讨了房屋设计的复杂性及各种可能性之后，大人们觉得自己深陷泥沼，身心俱疲，却发现孩子们并没有画车子、士兵或者龙，而是在画他们的家。孩子们自信地将满是符号的图画递给设计团队，并齐声道“就是这样”。他们的图画给设计团队提供了很多灵感。

如今的住宅越来越关注隐私。围墙越来越高，阻断了人们与邻居的交流。住宅开始看起来不像是房屋和花园，更像是一个安全的院子。于是，人们开始思考如何解决邻里间的交流问题。塔屋的前院是一块菜地，业主可以邀请邻居来摘菜，如果他们愿意，也可以在这里种种花草。尽管设计团队用高高的栅栏将花园的一面围住，但是业主仍然可以通过栅栏向外看，在必要的时候栅栏也可以完全敞开。塔屋两侧就是街道，邻居们可以将花园作为一条近路，途中可以摘取一些蔬菜。大门完全敞开后，私密空间和公共空间的界限变得模糊起来。塔屋是一个可以长期满足家庭生活需求的家。男孩们长大了会离开家，届时，这栋房屋可以很容易地从一个共同生活的家庭空间变成两个有独立入口的生活空间。设计团队隐藏了原有房屋里的滑动隔板，这些滑动隔板可以将大型共享空间分隔成多个小型空

3
7

间，不同的区域可以用于开展不同的活动，让业主如愿以偿。

与这个设计团队设计的其他建筑一样，可持续性是塔屋的核心。设计团队不是简单地挤压现有的结构，而是沿着建筑南端创造了新的形式，将阳光引入房子内部。开口和窗户的设计有助于室内空间获得更多的阳光，从而大大减少机械加热和冷却的需求。所有窗户都是双层玻璃窗。房子利用遮阳板解决了对空调的依赖问题，同时特别注重实现空气的自由流动。高性能的绝缘材料无处不在，原有房屋的墙壁也使用了绝缘材料。

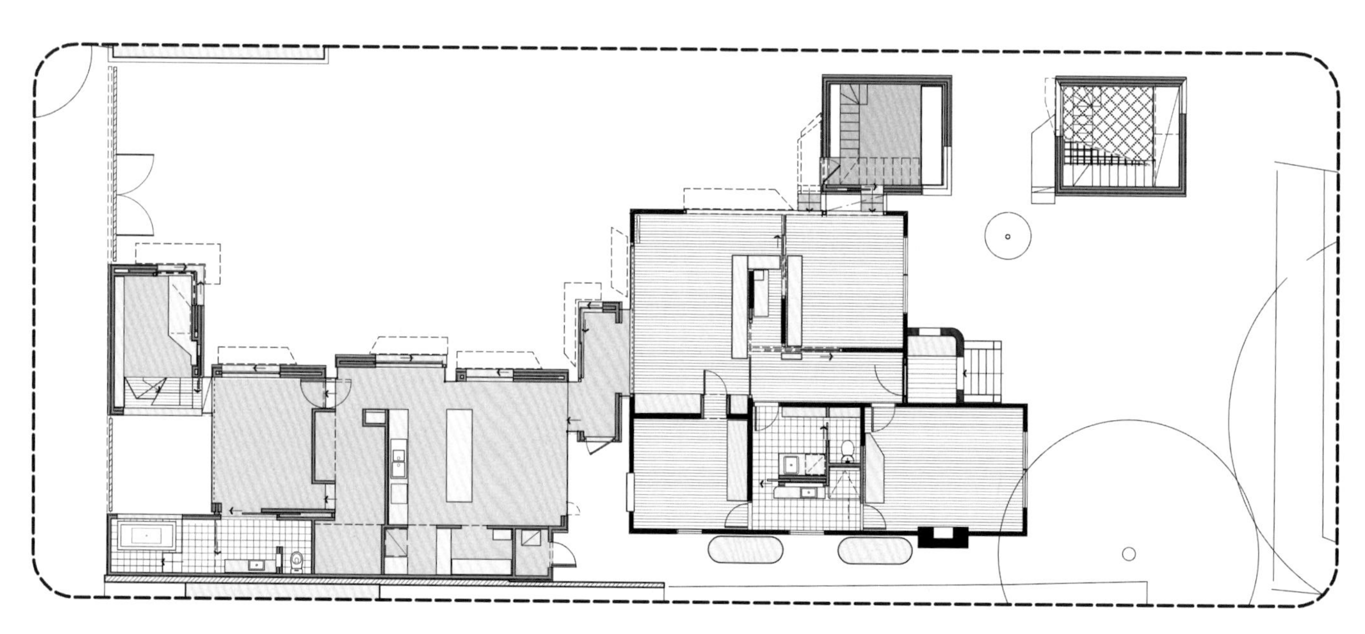

平面图

拉思加尔的住宅

项目地点：

爱尔兰，都柏林

完成时间：

2019

设计：

Peter Legge 建筑事务所

摄影：

爱丝琳·麦考伊（Aisling McCoy）

设计团队对这栋位于都柏林市郊拉思加尔的维多利亚式大型庭院住宅进行了翻新和扩建。他们从楼上入手，恢复空间的特征，拆除不够人性化的结构，再次彰显空间的本色。设计团队对楼下空间也进行了改建，以改善空间的功能性和流通性。侧面的扩建结构、飘窗和金属阳台均被拆除。

设计团队为住宅增加了一扇侧门，这扇侧门通往后方的扩建空间，那里是一处现代风格的开放式生活空间，并与后花园相连。扩建空间面朝北方，但是门窗布置十分得当，在每个方向都设置了开窗。它们连同屋顶的大开窗，使空间充满阳光。在一天的不同时段里，室内的光线也会发生变化。

内部空间的配色低调内敛，设计团队希望以此凸显业主的艺术品位。扩建空间在形式上受到原有后方立面弧度的影响，沿着侧门缓缓展开。橡木窗框和外露部分使用棕色的黄铜片进行装饰：前者与原有房屋的装饰相呼应，后者则以一种低调的光泽为室内营造艺术氛围。扩建空间的屋顶上种植了大量的多肉植物，从主楼的楼上可以看到这个生机盎然的屋顶。

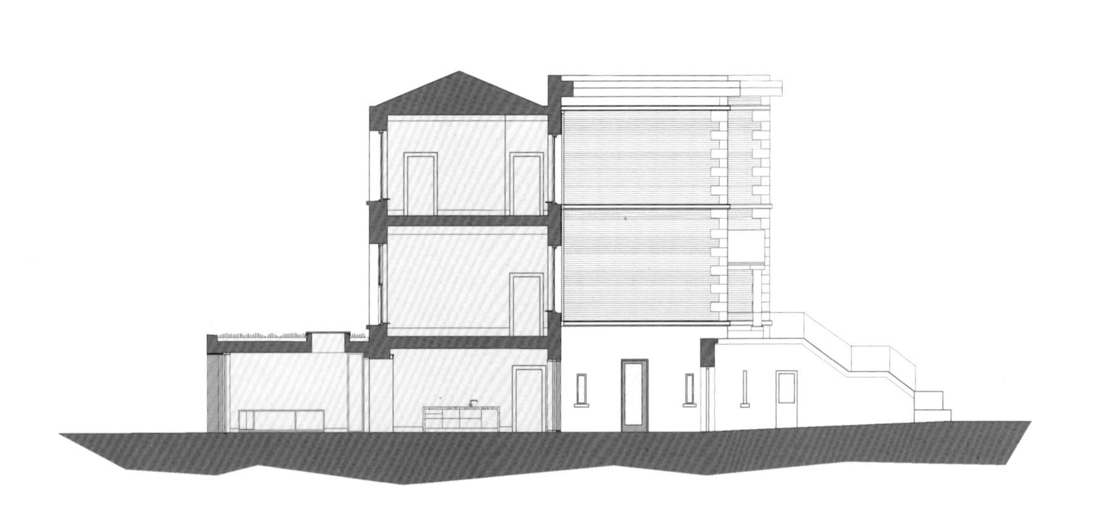

剖面图

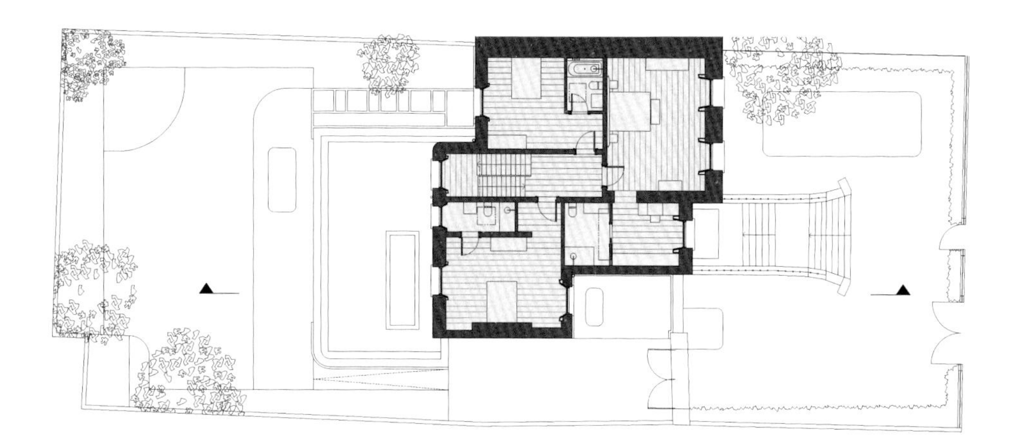

三层平面图

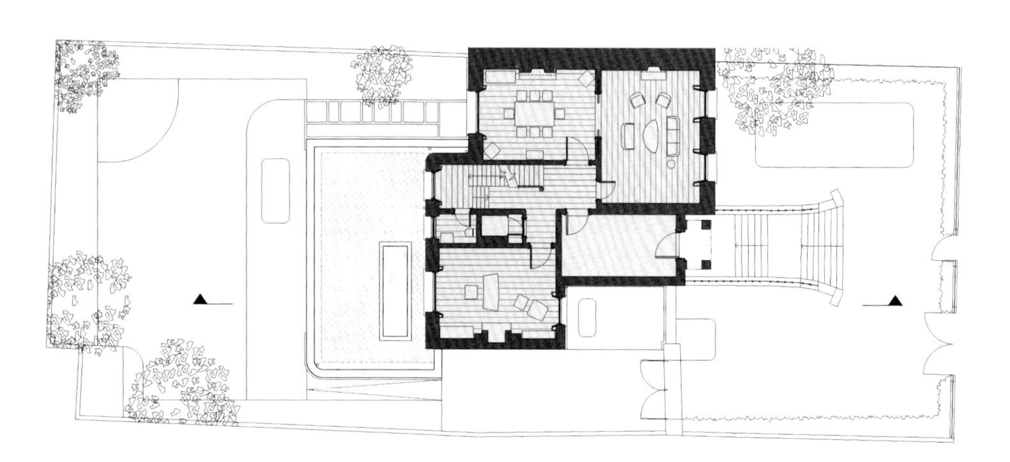

二层平面图

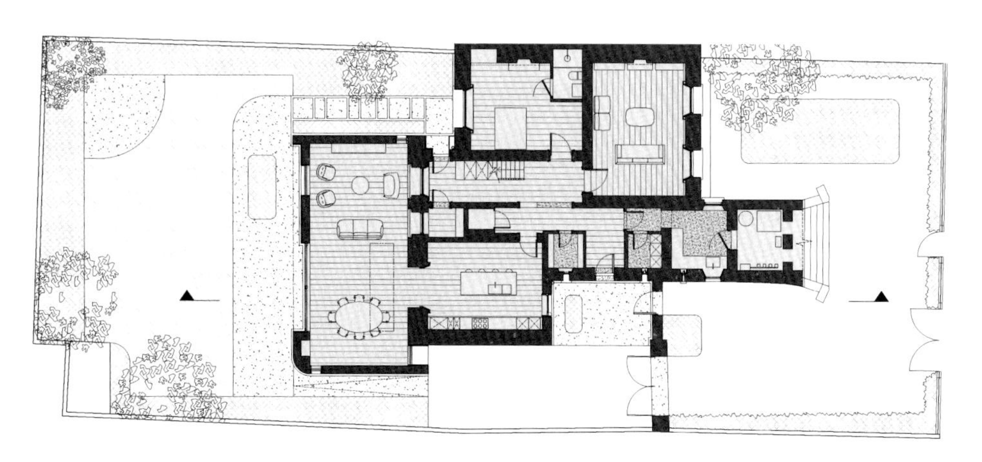

一层平面图

China

圣基尔达住宅

项目地点：

澳大利亚，圣基尔达

完成时间：

2019

设计：

Jost 建筑事务所

摄影：

汤姆·罗（Tom Roe），

沙尼·霍德森（Shani Hodson）

设计团队对一栋位于圣基尔达的传统住宅进行了改造。他们拆除了住宅后方建于 20 世纪 80 年代的扩建结构。一楼的两间卧室和浴室作为房屋的主要区域被保留下来。

由于规划限制，设计团队需要慎重考虑扩建部分上层空间对街景的影响。设计方案是在楼上增设一间主卧、一个浴室套间和一个露天平台，同时对一楼的浴室、厨房进行翻新，并对东北方向的小块土地进行开发。

场地呈梯形，前宽后窄，这意味着所有的檐槽、屋脊、内部的天花板和墙壁连接处都不是平行的。经过深思熟虑后，设计团队决定让扩建部分与原有住宅形成对比。定制的镀锌包层——圣基尔达这一带的维多利亚式传统住宅均使用了这种常见的材料——一侧向上，一侧向下，与檐板包层连接起来。这种抽象的形态包裹着被遮挡起来的内部空间，使得整体空间氛围随着一天中不同时段的光线情况而发生改变。

由于设计团队不打算继续对场地后方进行开发以增加空间面积，因此，内部空间的规划对改善功能布局来说至关重要。住户可以从楼梯尽头的走廊进入正面的屋顶平台，并沿着楼梯中空区域返回，进入主卧。更远处是露天平台，这里装有铝制屏风，不仅可以保证私密性，还可以遮挡从西面射入的日光。整体的环形布局不仅减少了空间浪费的情况，还改善了房间的通风效果。

58

设计团队对原有房间进行了翻新，并保留了原有的特征和装饰，配以符合审美需求的现代装饰和家具。室内装潢的细节处理得干净利落，成本可控且实用。楼上扩建部分向外探出，对楼下客厅进行了遮挡，这样也就无须安装空调了。

设计团队用环保的方式和较低的成本为业主营造了舒适的生活环境，独特而巧妙的扩建部分与原有的部分相得益彰。这会是一个给人带来愉快居住体验的家。

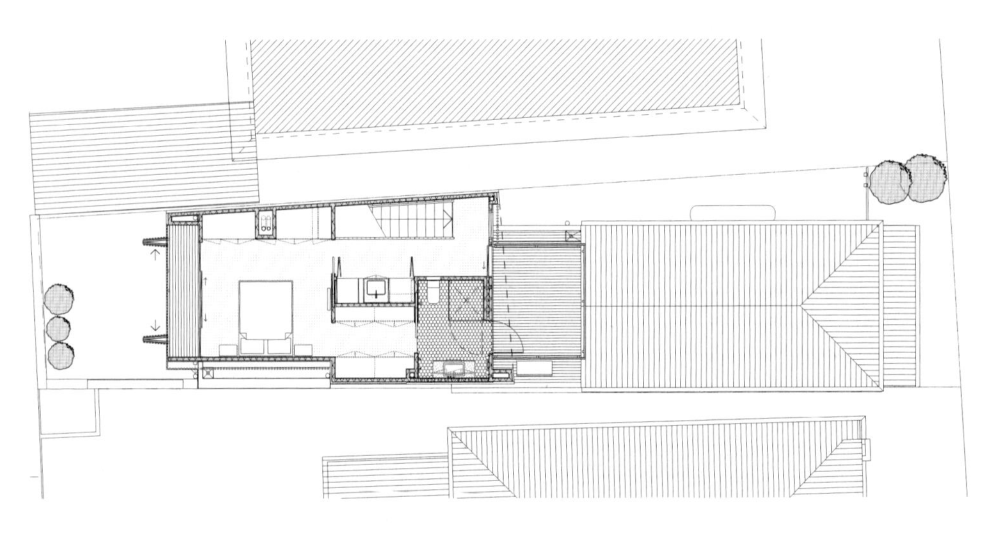

二层平面图

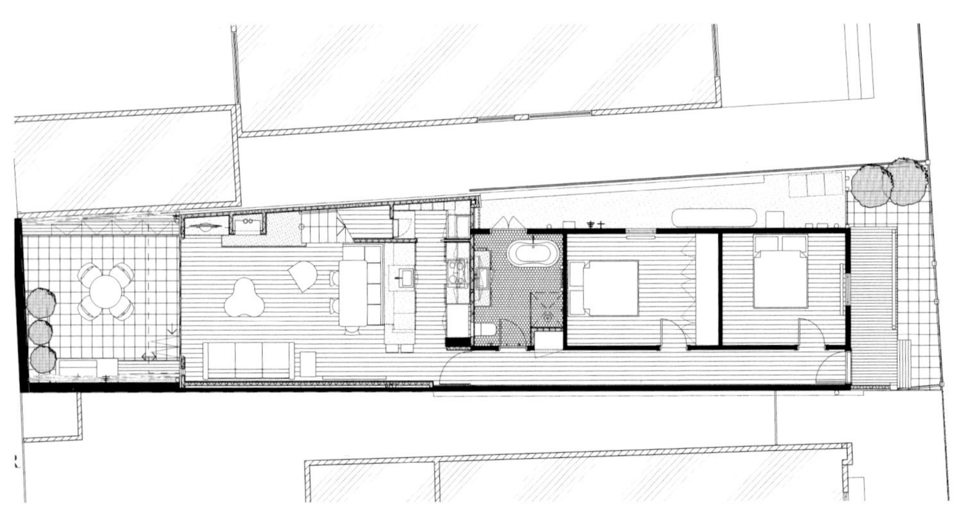

一层平面图

l'imperméable moderne c'est BLIZZA

画框住宅

项目地点：
英国，伦敦
完成时间：
2017
设计：
Archer + Braun 建筑事务所
摄影：
大卫 · 巴伯尔（David Barbour）

画框住宅位于伦敦东区斯特普尼绿地的阿尔伯特花园保护区内，设计团队对这栋房子的一楼进行了扩建，并对房子内部进行了彻底翻修。

自 20 世纪 70 年代以来，这栋房子就再未进行过翻修，因而需要彻底的现代化改造。这栋住宅的业主夫妇分别是建筑师和艺术家，他们全程参与了项目的设计。设计团队对一楼内部空间重新进行了布置，打造了一个更大且更加灵活的厨房空间。此外，设计团队还与一位当地的画框制作者合作，对空间进行进一步优化。这位画框制作者曾为业主制作过黑胡桃木和橡木材质的“画框”，这些“画框”其实是不同尺寸的窗框。

设计团队决定增加一些元素，以明确厨房、休息区和餐厅的范围，避免它们的交界模糊，但又允许各个空间自然而然地衔接起来。餐厅先前是一个昏暗的、从未使用过的空间。如今，从这里可以看到厨房和远处花园的景象，巨大的天窗将自然光线引入室内，让整个空间充满阳光。

原来的地板被替换成全新的人造橡木地板，经过着色处理后，呈现出“未抛光”的样子。厨房和卧室的细木家具也是定制的。此外，美国黑胡桃木画框、定制的橡木托盘框架镜子、拼接的大理石淋浴墙等装饰细节也让居住空间充满艺术气息。

在室外部分，光滑的深灰色砖块与彩色砂浆给扩建结构带来了现代化的外观，深灰色的窗框也进行了亚光处理，与砖块的颜色相匹配。

KEITH RICHARDS
PIGS
SMLXL
BALTIC THE ART FACTORY
HOW TO BUILD A GIRL
rock 'n' roll people
STEVE McCURRY SOUTH SOUTHEAST

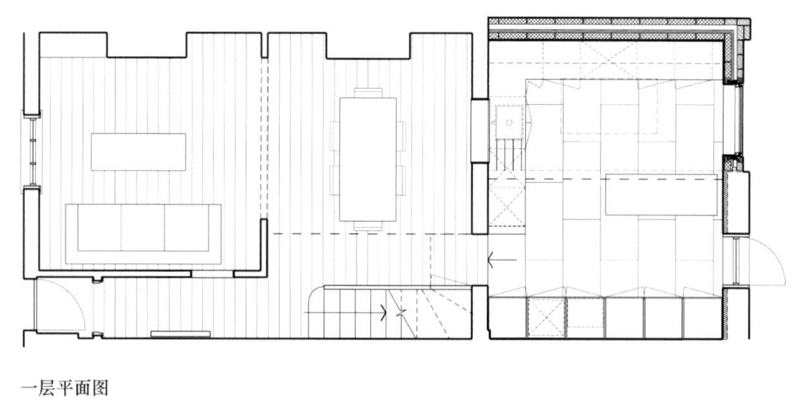

一层平面图

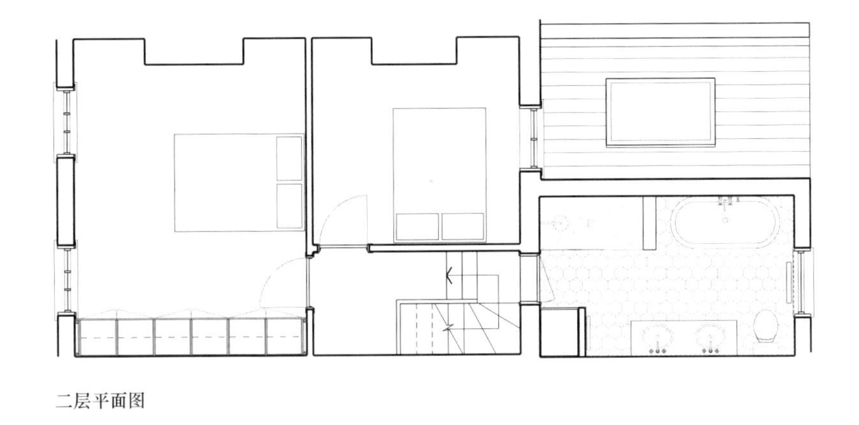

二层平面图

THE SHINS

FK 住宅

项目地点：

巴西，圣保罗

完成时间：

2018

设计：

COA 联合事务所

摄影：

佩德罗 · 万努奇（Pedro Vannucchi）

业主是一对有两个孩子的夫妇，他们在这栋房子里住了一段时间之后，决定对房屋进行翻修。

业主的主要诉求是将一楼的社交空间整合起来，以改善自然采光和通风情况。此外，他们希望建立起室内与室外之间强有力的联系。于是，设计师决定将玩具室改造成带露台的后院，将车库改造成屋前花园。

一楼的空间（厨房、客厅、餐厅和室外空间）需要进行整合，以便更好地发挥空间的社交功能。由于建筑结构的问题，这个核心区的主体只能保持原貌。为了达到预期效果，必须拆除部分墙面，然后借助新的台基和金属结构来改变建筑的结构逻辑。设计团队拆掉了砖墙上原有的塑胶，将这部分漆成白色，以保留老房子的印记。同时，这里还可以作为摆放艺术品和私人物品的背景墙。地面部分，除了在潮湿的区域使用液压砖外，社交和私人区域仍以木质材料为主。

除了可以遮阳的混凝土屋檐外，设计团队还在楼上安装了用穿孔金属板打造的遮阳板。从一开始，这就是建立室内外空间联系的一个重要元素。他们还试图在保证空间私密性的同时，将室外花园引入室内的社交空间。入口处的植物让这里免受街道上活动的影响。房屋后方也栽种了植物，厨房附近还有小菜园。

124

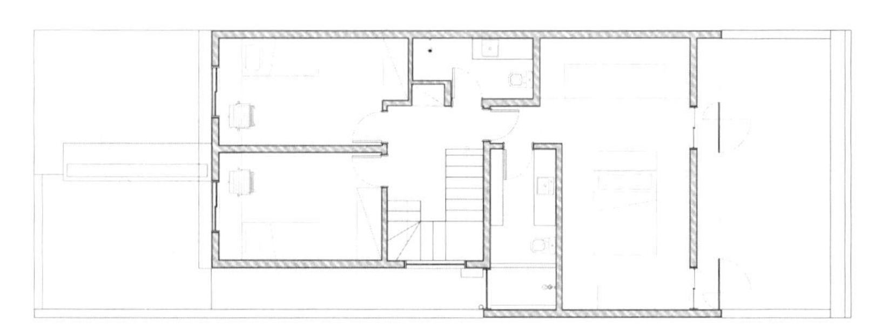

二层平面图

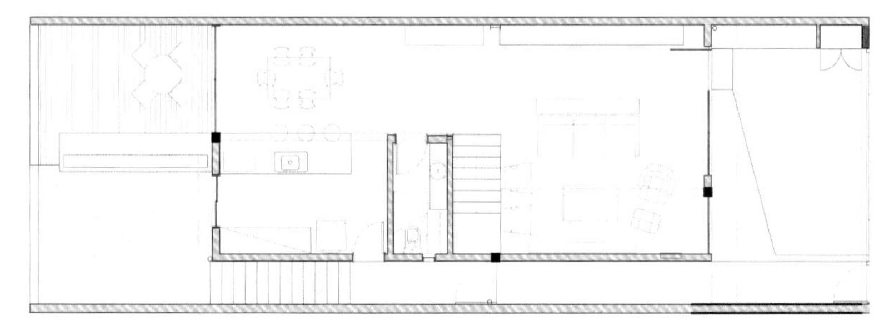

一层平面图

OBEY
NOT WAR

NOT WAR

山坡上的住宅

项目地点：

美国，西雅图

完成时间：

2017

设计：

SHED 建筑设计事务所

摄影：

拉斐尔 · 索尔迪（Rafael Soldi）

SHED 建筑设计事务所接受一对年轻夫妇的委托，对他们位于西雅图市中心的住房进行重新设计。设计团队复原了这栋住宅原有的 20 世纪中期的建筑元素，并融入现代风格的细节。

该项目场地面积有限，这对设计团队来说是一项不小的挑战。起初，住宅内两层楼的结构是完全一样的，这在 20 世纪 50 年代是一种常见的建造方式。设计团队没有对结构进行大的改动，而是更新了厨房、浴室和卧室，以更好地配合家庭的生活模式。在主楼层，统一的立柱提供了横向支撑，并将从入口到厨房的各条通道整合到一条基准线上。业主想要一些出挑的色彩，因此设计团队为厨房添置了山毛榉材质的栗色层压板橱柜。客厅和餐厅的硬木地板和入口处的绿色石板地面被保留下来，而屋内其他地方的地板则被替换掉了。

主卧原本有两间卧室，其中一间卧室被改造成主浴室。业主希望在主楼层设置一个化妆间，但由于空间有限，设计团队在主浴室外打造了一个独立卫生间，以满足业主的使用需求。设计团队还将先前的工具房改造成了泳池——这也是业主的想法。

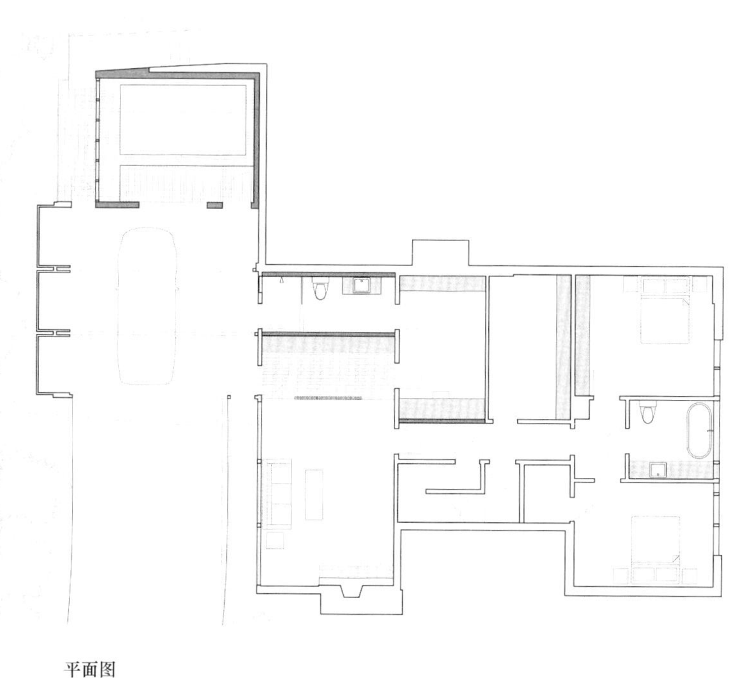

平面图

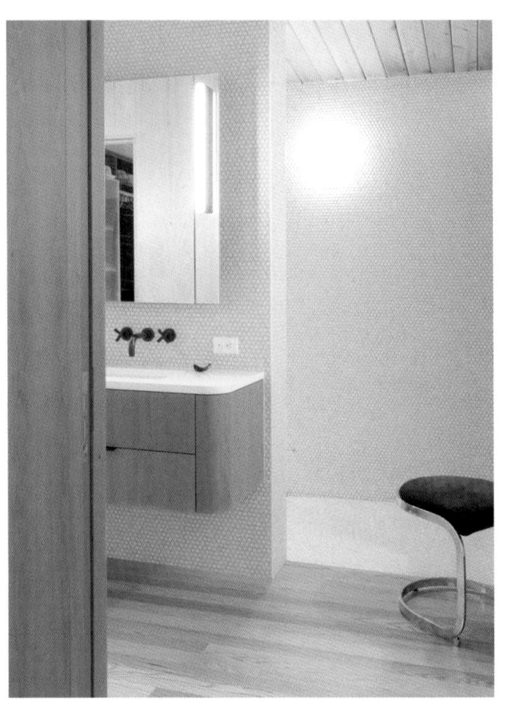

光之瀑布住宅

项目地点：
英国，伦敦
完成时间：
2019
设计：
FLOW 建筑事务所，MAGRITS
摄影：
NAARO 工作室

设计团队不仅对这栋建于 1851 年的四层排屋进行了彻底的空间改造，还新建了一个地下室和一个位于住宅后侧的双层通高空间。“光之瀑布”这个名字完美地诠释了这栋住宅的灵魂：倾泻而下的日光在建筑的中心位置创造出一种竖向的动态氛围，不仅活跃了室内空间的气氛，还消除了室内外环境之间的边界。

住宅坐落于阿宾顿自然保护区内。鉴于其独特的地理位置，该项目在改造过程中受到了诸多限制，例如，要尽可能地保留原建筑的外观。因此设计团队将设计的重心放在了内部空间上：他们围绕着一个全新的内部庭院展开了设计，将这个庭院打造成起居空间的视觉中心。在内院的旁边，一系列双层通高的空间创造出更多的视线交流机会，从而在视觉上扩大了整个居住空间的面积。室内楼梯可以直接通向住宅的底层空间，以此将居住空间和娱乐空间连接起来。自然光线在整个项目中起着至关重要的作用：两个大型的无框天窗分别位于庭院的顶部和开放楼梯的顶部，增强了住宅空间的通透性。

设计团队将一栋传统住宅改造成了一个舒适的现代居住空间：一方面改善了室内的光环境，另一方面也使室内的空间布局更加符合现代人的居住习惯。

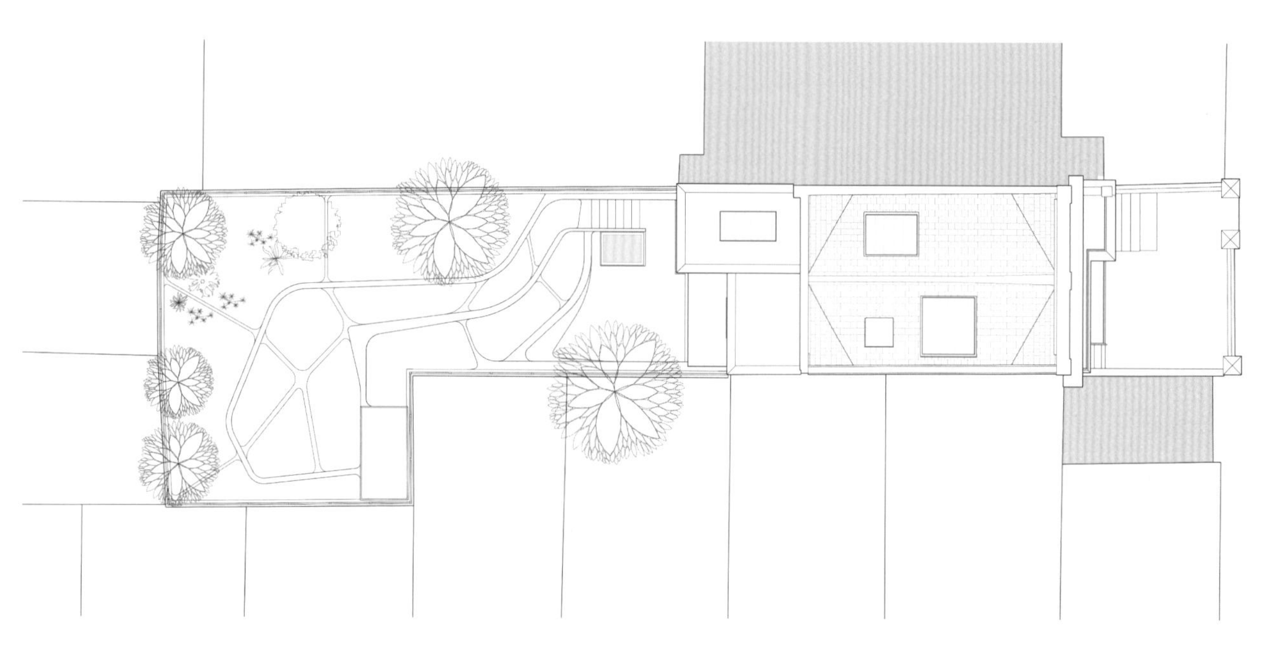

总平面图

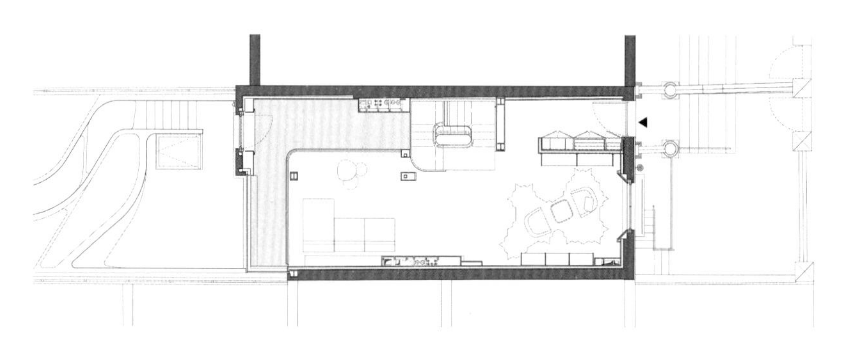

二层平面图

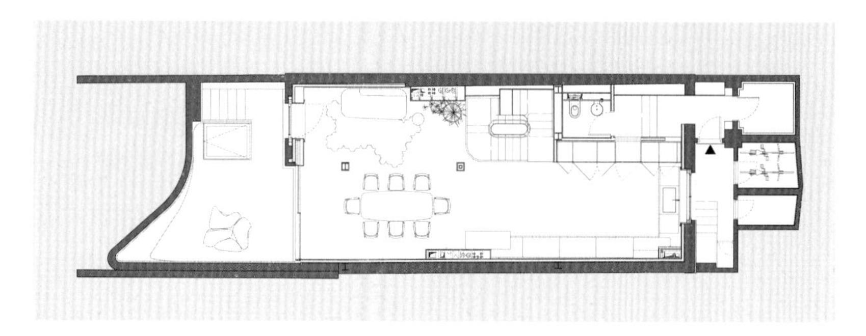

一层平面图

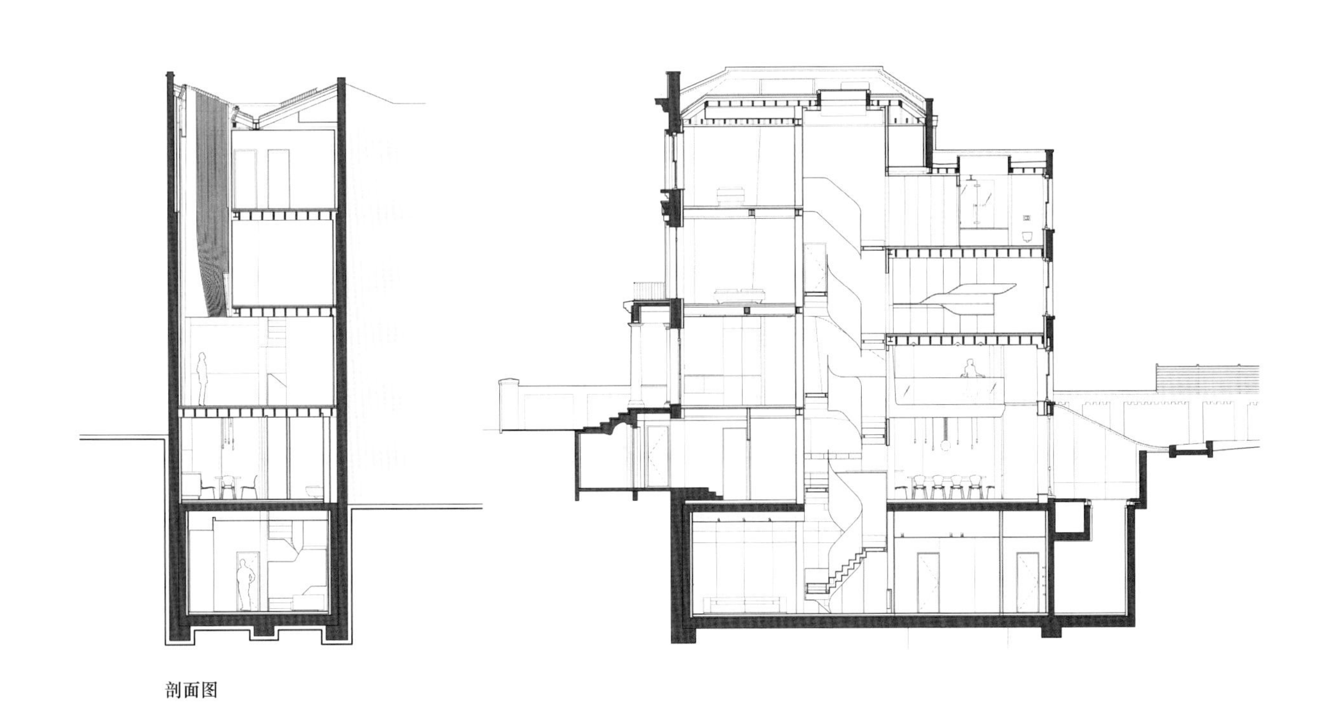

剖面图

CHINATI

中川町之家

项目地点：

日本，东京

完成时间：

2020

设计：

ALTS 设计工作室

摄影：

川村健太（Kenta Kawamura）

这是一个私人住房改造项目，业主全家世代居住在这栋房子里。场地临街且地块狭窄，扩建比较困难，因此设计团队决定对房子内部进行改造。

在这次改造之前，虽然这栋房子经历了多次扩建和翻修，但是底层房间非常昏暗，需要保持全天候照明的状态。设计团队希望将自然光线引入室内，以营造一种自由、轻松的氛围，避免使居住者产生局促感。团队还希望卧室、客厅、餐厅和厨房的一体化空间得到更好的利用，同时营造一个开放的空间。

由于房屋临街，因此设计团队决定面向街道设置楼梯，以避免行人看到住宅内的景象。楼梯间设置在不同的高度，可以满足多种使用需求。设计团队仅在需要保证私密性的浴室周围筑起了墙壁。最终，他们打造出了一个布局简单却充满活力的居住空间。

株式会社 施設工

株式会社 施

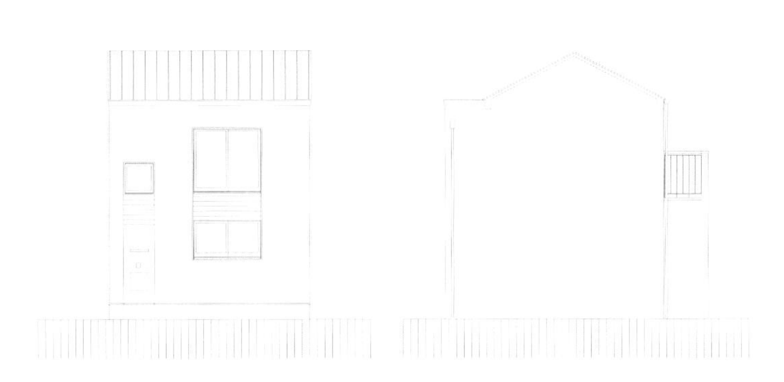

立面图

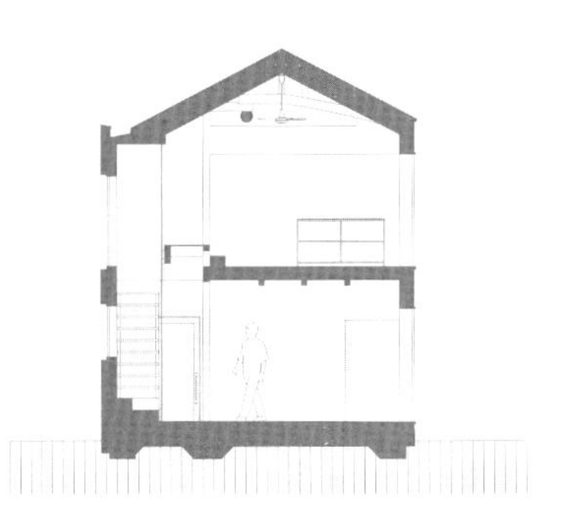

剖面图

SINGER

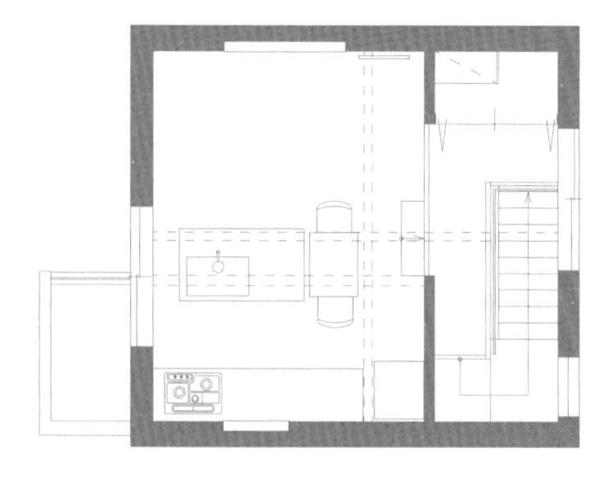

二层平面图

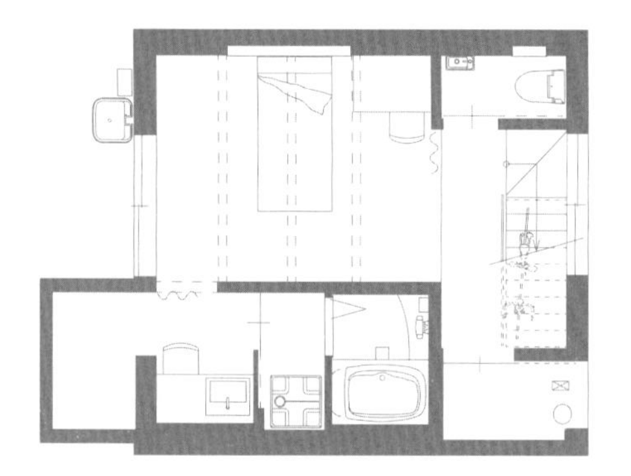

一层平面图

上海徐汇洋房公寓

项目地点：

中国，上海

完成时间：

2019

设计：

NONG 工作室

摄影：

汪昶行

这套公寓位于一栋上海老洋房的顶层。业主是一对向往避世生活的跨国夫妇，中西方的融合在这间住宅的设计风格上体现得淋漓尽致。

老洋房的顶层为砖木结构的坡屋顶。设计团队虽然拆除了之前的吊顶和隔断，但还原并保留了原建筑的魅力。设计团队利用顶层高度将空间加以细分。此番设计一是从功能上做到南北通透，加强采光和室内空气流通；二是尽量减少隔断，以增加空间的流动感，回应业主大隐于世的心灵诉求。

空间中唯一的主角是一个贯通二层的真火壁炉，它启用了原有建筑中阁楼的烟道。冬日里，业主夫妇可以携知己好友煮酒品茶。由于业主是旅行爱好者，因此家里摆满了他们游历各国的收藏品：智利的挂毯、摩洛哥的玄关柜、泰国的器皿、非洲的木雕，等等。整个空间充满了中西融合的魅力。

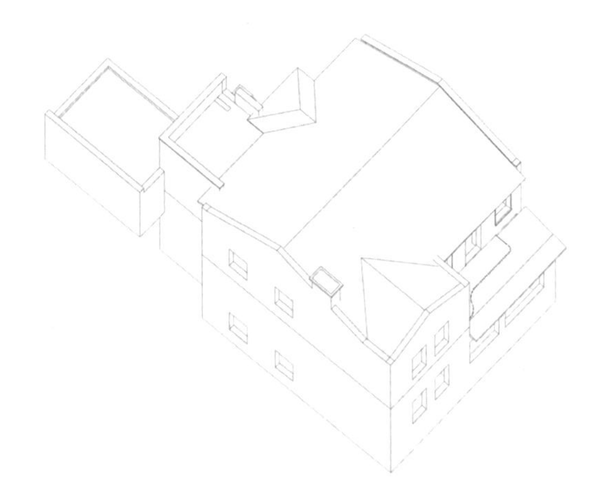
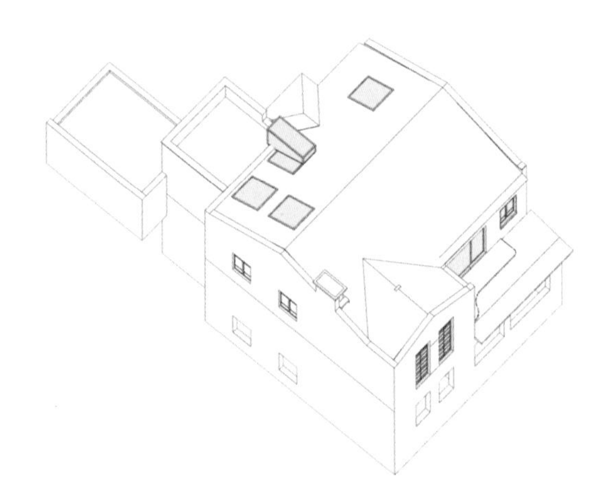
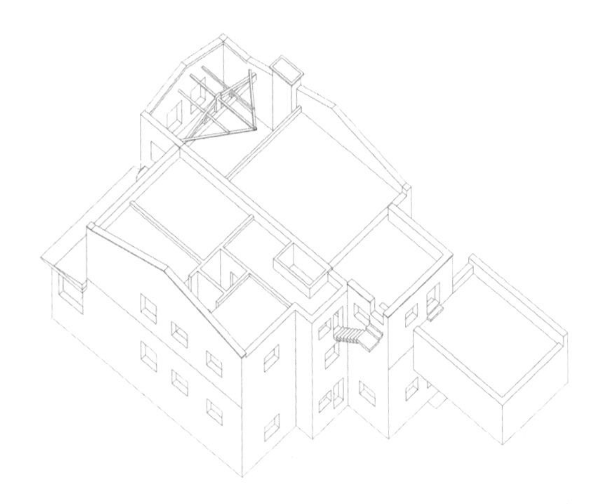
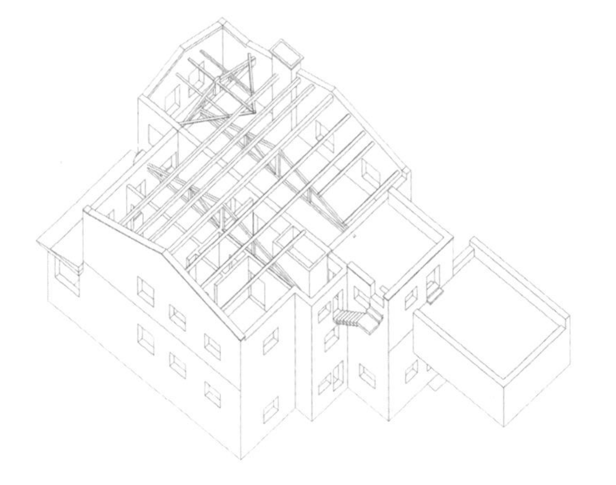

窗口系统

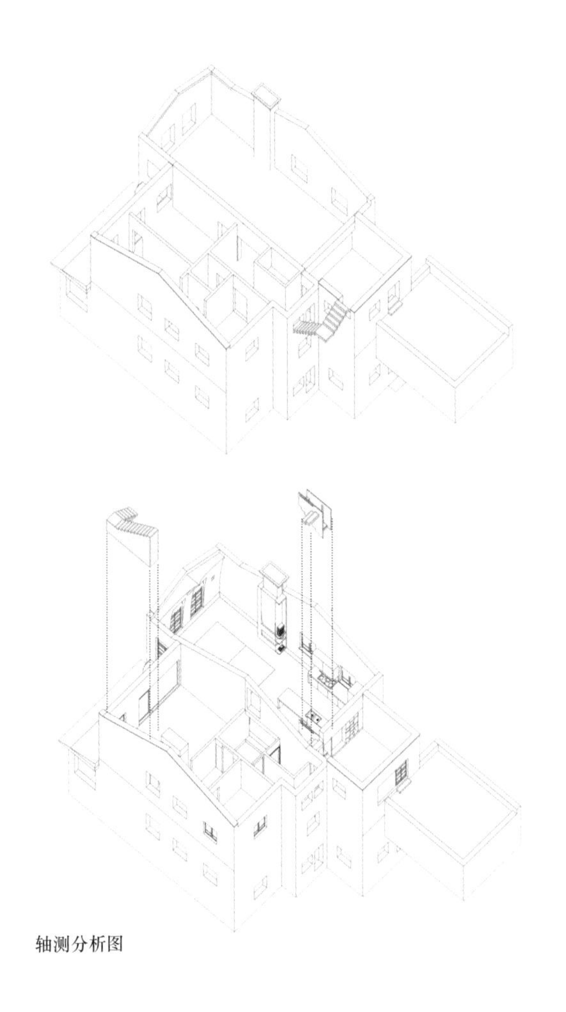

轴测分析图

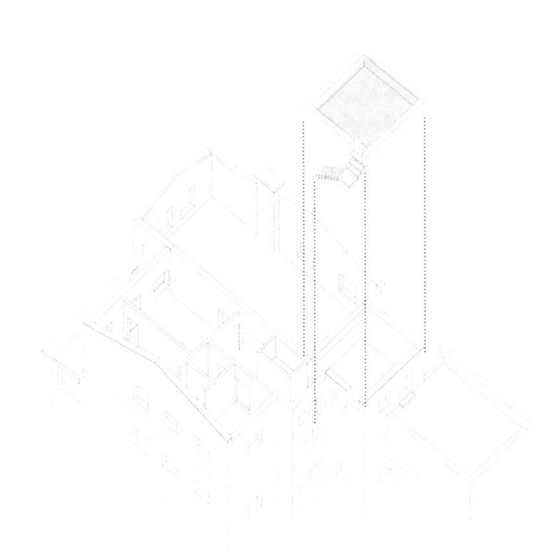

改造前

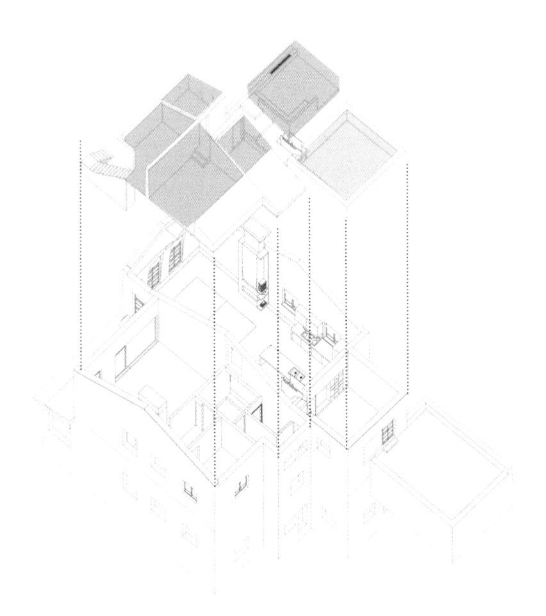

改造后

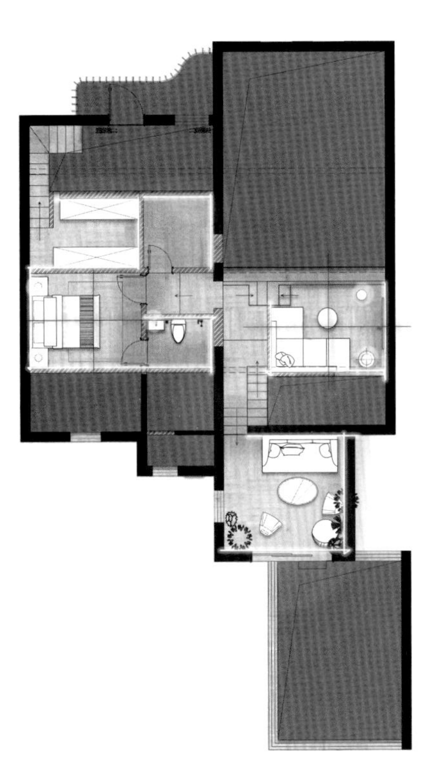

二层平面图

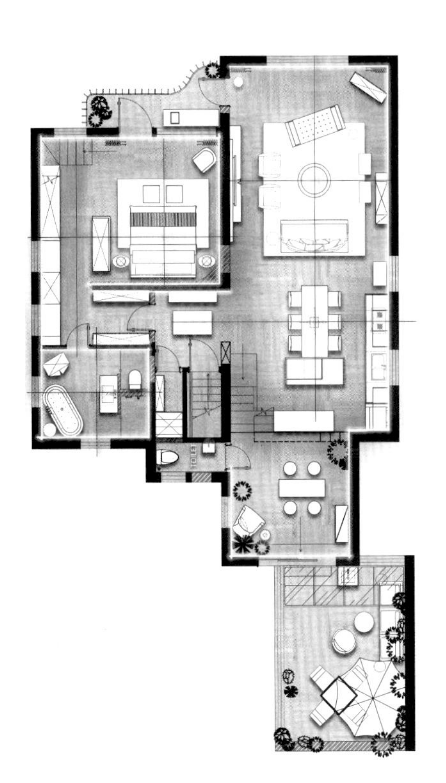

一层平面图

墨尔本砖石住宅

项目地点：
澳大利亚，墨尔本
完成时间：
2015
设计：
Nic Owen 建筑事务所
摄影：
克里斯汀·弗朗西斯（Christine Francis）

设计团队对一栋建于 20 世纪 40 年代的中等规模的半独立式砖石房子进行了翻新和扩建。为了尊重传统砖石房子的原貌，房子的大部分结构被保留下来，扩建结构藏于其后。从街道上是看不到原有房子后面还藏有扩建结构的。

这栋房子位于一片开阔的场地上。业主渴望拥有一个宁静和放松的生活环境，并且可以与外部环境建立密切的联系。原来的传统砖石房屋后面藏着的扩建结构有着充足的自然光线、拱形的天花板和宽敞的空间，为这栋住宅增添了现代的气息。

原有走廊中有一段被黑色木料包裹的弯曲的通道，在那里似乎看不到尽头。这条昏暗、弯曲的通道将原有住宅与扩建结构分隔开来，为业主带来了神秘与惊喜。通道的尽头就是一个大型的轻型木质扩建结构——一个全新的开放式生活空间。这个帐篷一样的空间面向北方，设计团队用玻璃和木材做围合结构，并通过木质平台向外延伸。这是一个可以放松身心的地方，团队为空间安装了高窗，这样业主就可以欣赏到邻近树林的景象。扩建结构沿着南侧边界延伸，以获得北侧的自然光线。

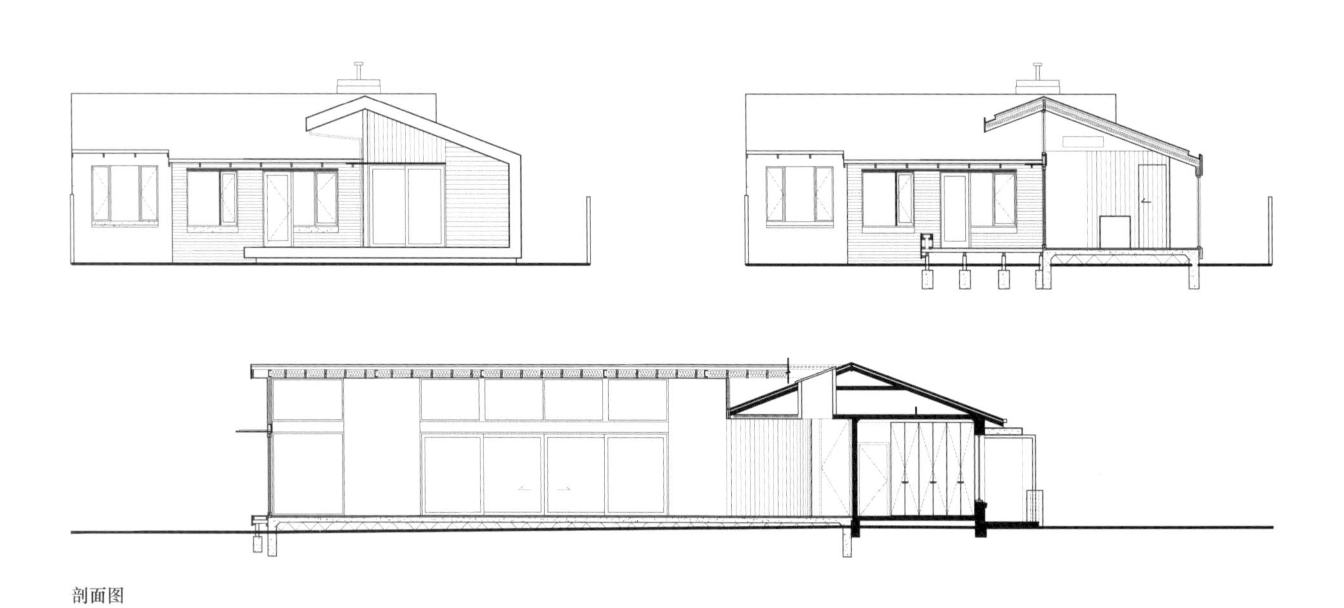

剖面图

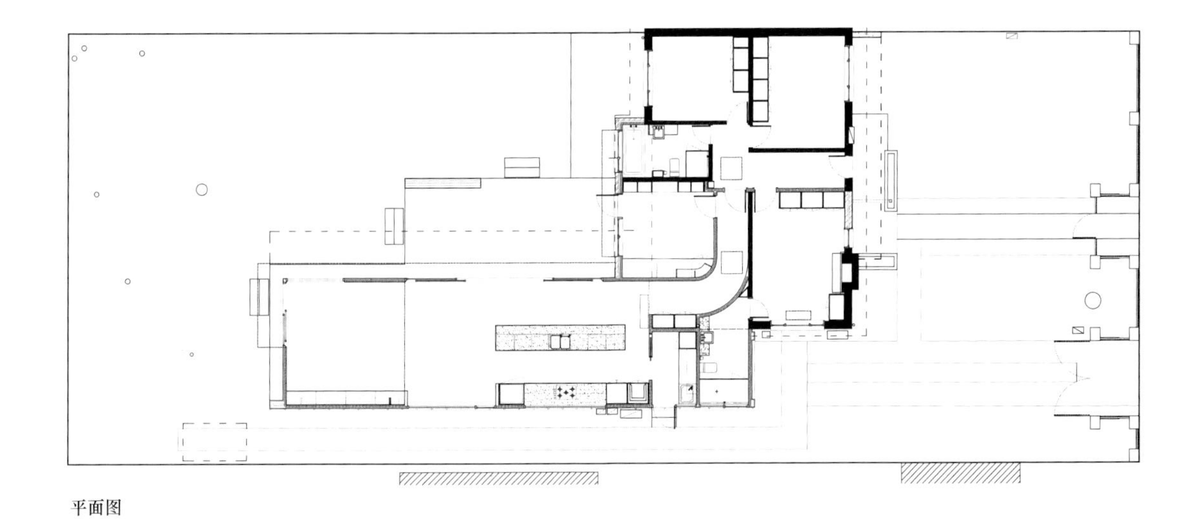

平面图

BEIRA MAR 住宅

项目地点：
葡萄牙，阿威罗
完成时间：
2018
设计：
Paulo Martins 建筑设计事务所
摄影：
Its. Ivo Tavares 工作室

这栋住宅位于阿威罗最典型、发展最完善的社区内，其设计目的是让居住者能够在一个私密的空间中体验到宜人的生活环境。在经过充满激情的改造之后，室内空间与户外环境充分融合：业主在空间内就可以听到海鸥的叫声，闻到海风的味道，看到湛蓝的天空和绿意盎然的植被。

这栋住宅建在一个长 30 米、宽 2.5 米的场地上，狭长的地形决定了空间的布局。建筑的内部极富戏剧性：从幽暗的入口到开阔的后院，其间充满了意想不到的惊喜与发现。

设计团队选择了简单的材料：地板、浴室和服务空间均采用混凝土饰面，建筑外部则覆以石膏板，将室内空间严密地保护起来。同时，为了营造私密的空间氛围，设计团队将建筑的外立面刷成白色，自然光可以反射到室内，有时是柔和的漫射光，有时则是强烈的直射光，好像在反映着居住者的情绪变化。所有的社交空间被设置在住宅的一层，并与后院相连；二层设置了卧室和阳光房，由植被构成的幕帘挡住来自外部的视线。

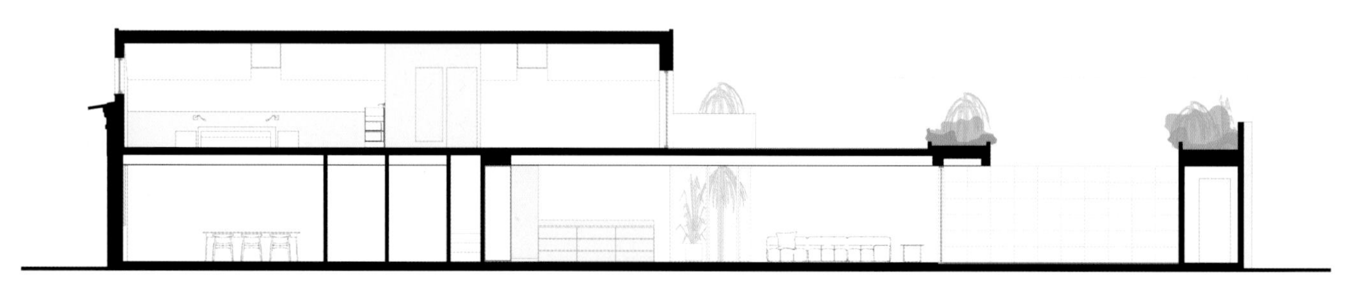

剖面图

nude
PREFAB HOUSES

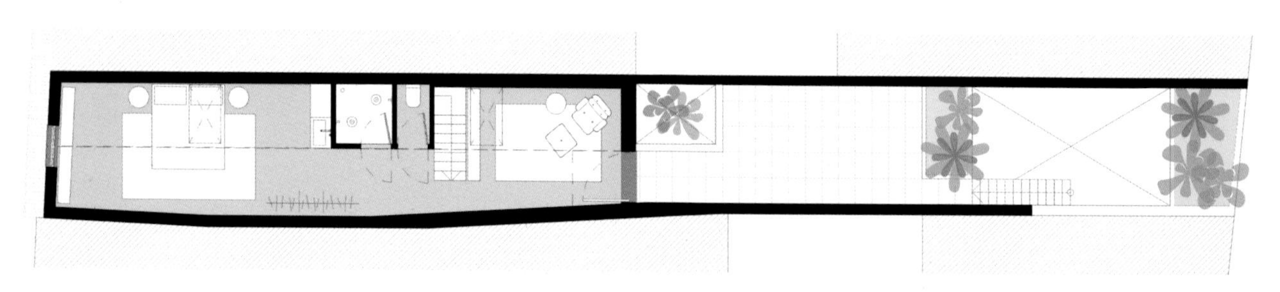

二层平面图

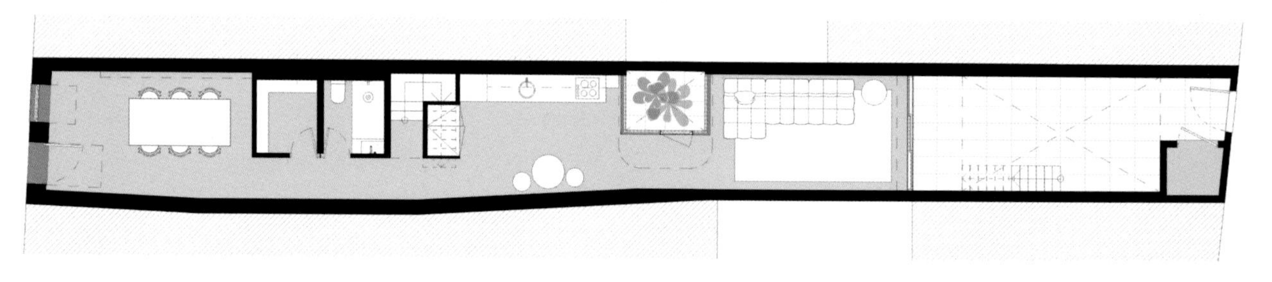

一层平面图

立柱之间的住宅

项目地点：
日本，东京
完成时间：
2016
设计：
Camp 设计公司
摄影：
长谷川健太（Kenta Hasegawa）

这个项目旨在通过改造来提高空置住宅的市场价值。一家开发商买下这间房子，并希望在修缮后将其出售，因此，项目开始时是没有业主的。设计团队假定这是为一个有孩子的家庭打造的住房，居住者对住房的功能性和灵活性有一定的要求。

设计团队打造了一个被称为“立柱之间”的空间，这个空间从一楼和二楼的中央穿过。日本传统的木架构由多个模块组成。立柱之间的距离是按照固定尺寸设置的。设计团队希望将设备安装在立柱之间，这些设备也是根据模块定制的。移动细木工制品可以改变空间的布局，不仅可以打造出过渡空间，还可以营造出更多灵活的空间。另外，可移动的家具也是根据模块设计的，它们与设备相配套。

经过改造的房子可以随着生活需求和家庭构成的变化而变化，这也是由日本传统的木结构营造方法决定的。

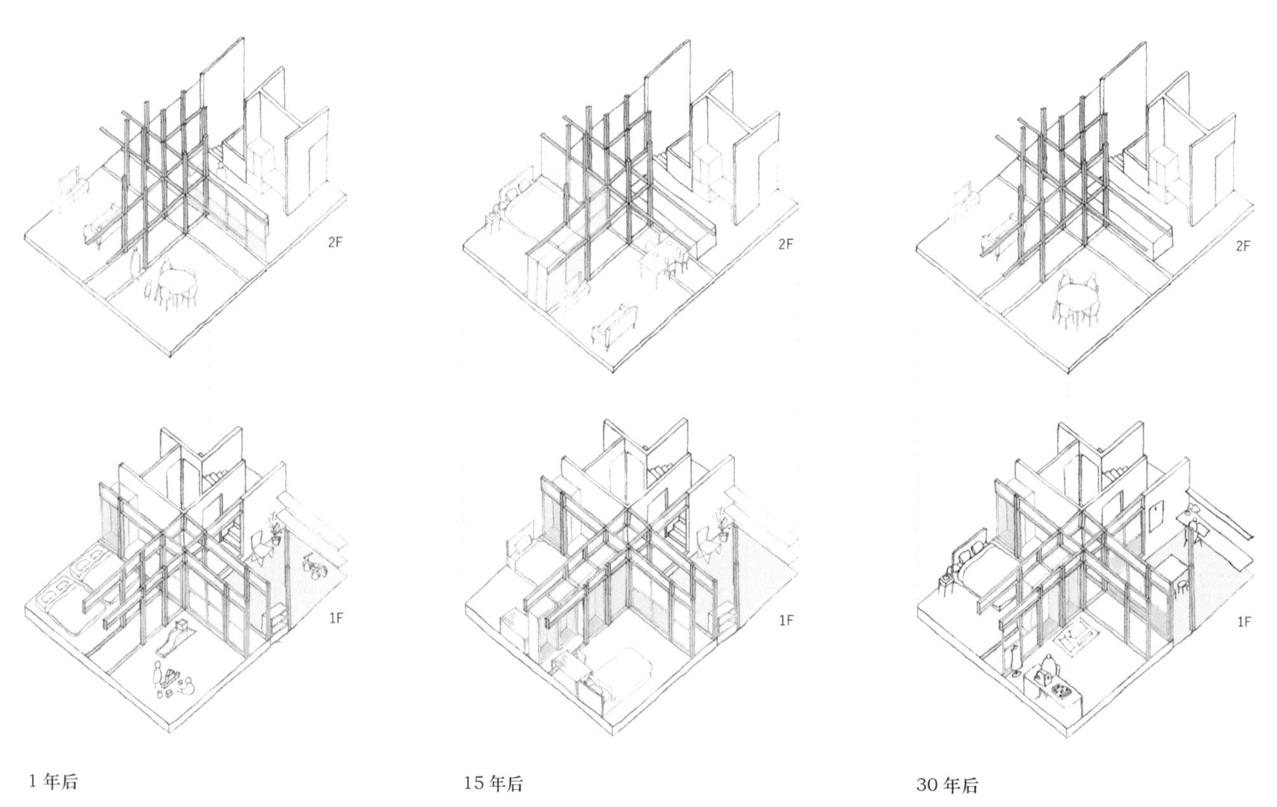

1 年后

15 年后

30 年后

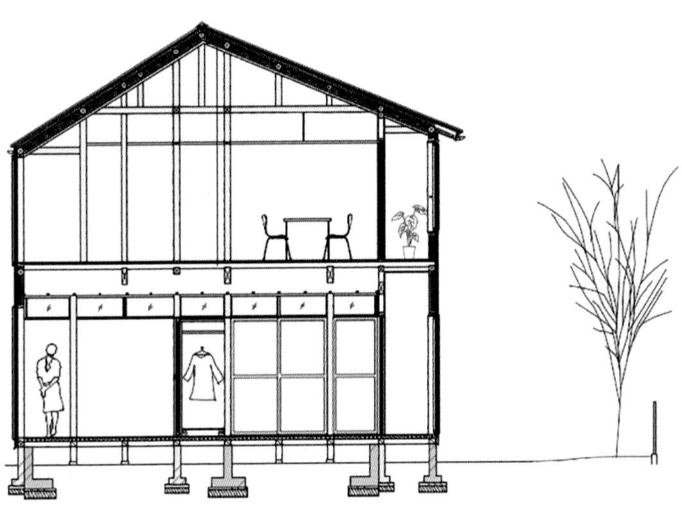

剖面图

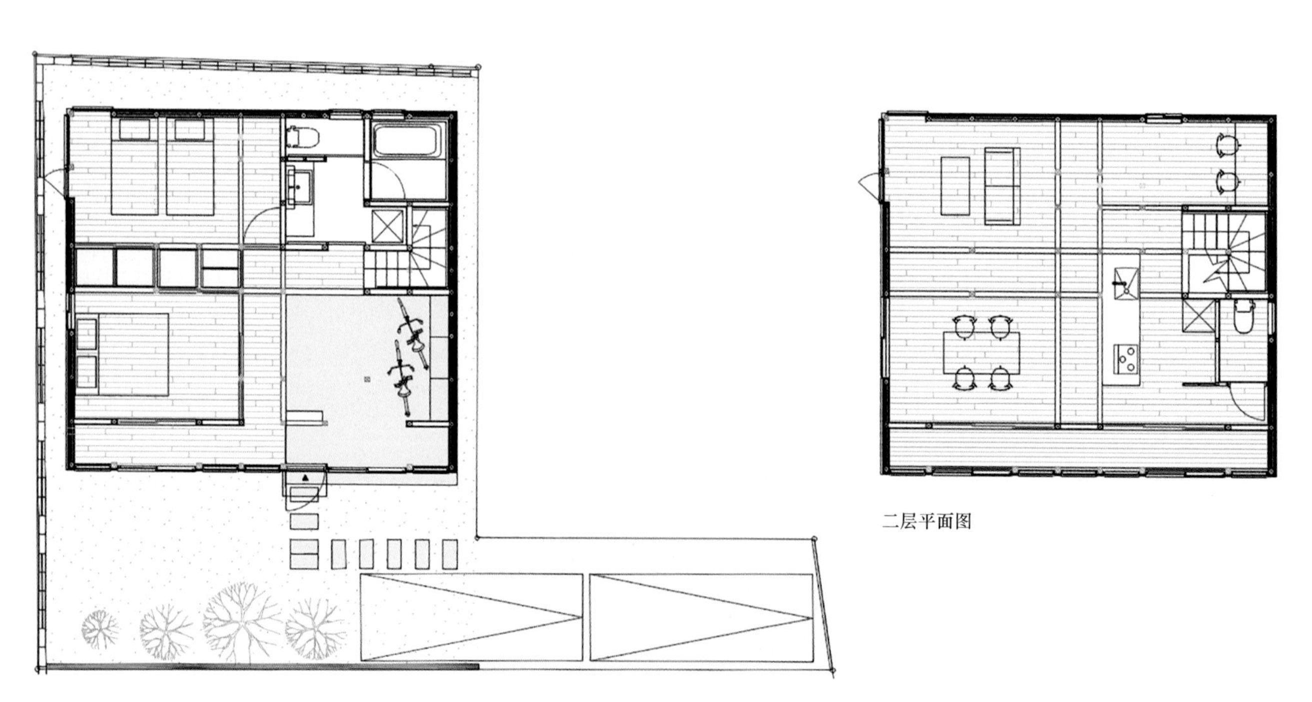

一层平面图

二层平面图

比朱·马修的住所

项目地点：

印度，喀拉拉邦

完成时间：

2016

设计：

Zero 工作室

摄影：

阿尔·普拉桑·莫汉（Ar Prasanth Mohan）

业主希望拥有一个面积不大但简单而雅致的家，家中不需要任何装饰性细节，以及任何厚重的形式。设计团队面临两个选择，一是在一片空地上打造一栋全新的住宅，以实现业主的愿望；二是对原有房屋进行改造，使其满足业主的需求。在其他人看来，第二种方案可能不会非常出彩。如果选择第一种方案显然可以直接达成所愿，但最终，业主和设计团队选择了第二种方案。在设计过程中，他们遇到了很多挑战，如很难摆脱房屋的固有形象，有一种被困在迷宫里的感觉。

设计团队重新设计了内部空间，拆除了多余的墙壁，引入自然光线和自然风，从而达到节约能源的效果。两个采光井与双层屋顶在提高住宅舒适度方面发挥了关键作用。虽然开窗不多，但室内仍能获得足够的光线和通风。白色墙壁搭配木质的地板，以实现色彩的融合。这一点也反映在家具的选择和室内设计的整体处理上。

设计团队在原有房屋的基础上加盖了一层楼，将那里作为多功能空间。当人们看到通往顶楼的楼梯时，才会意识到上面还有一层。同时，房屋简洁的立面与外部景观融为一体。

这是一栋可以给业主带来幸福感的房子，业主的愿望通过设计得以实现。

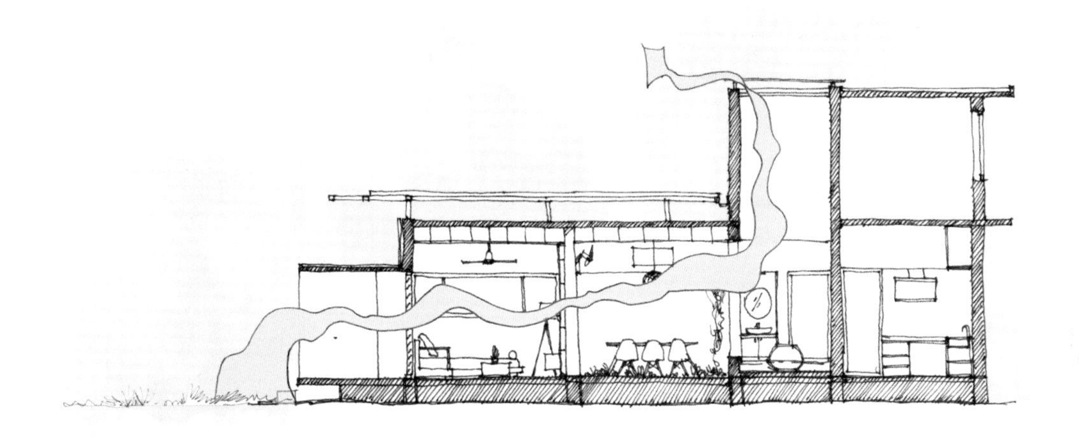

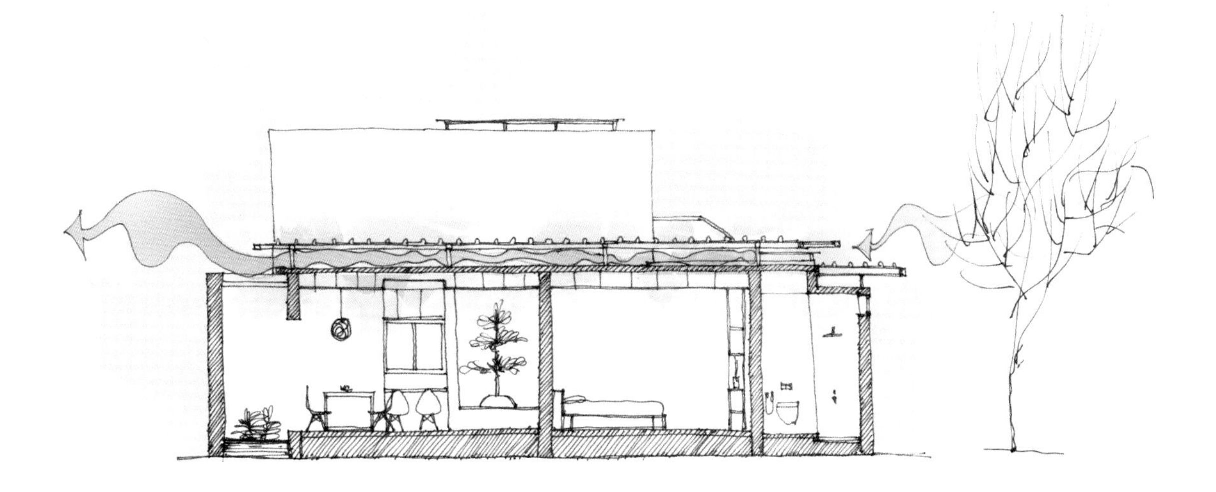

剖面图

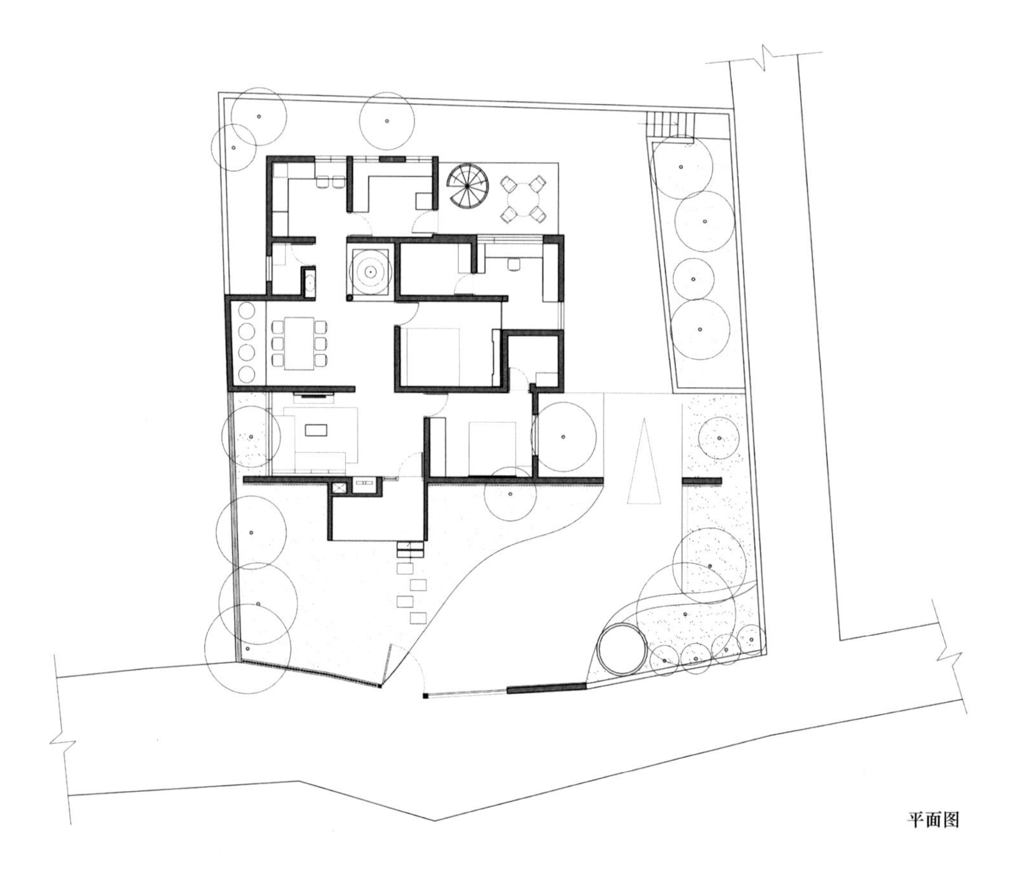

平面图

RaeRae 住宅

项目地点：
澳大利亚，墨尔本
完成时间：
2020
设计：
Austin Maynard 建筑事务所
摄影：
彼得·班纳特工作室（Peter Bennetts Studio）

RaeRae 住宅位于墨尔本市中心，设计团队对两处现有的连排房屋进行了整合，并将装有玻璃的入口大门设置在两栋建筑之间，将它们连接起来。

第一眼看上去，住宅的外观有些奇特，像是连绵的山脉。屋顶的设计符合场地环境，靠近相邻花园的屋顶要低一些，而靠近场地边界的屋顶则要高一些。起伏之中，仿若山脉的轮廓渐渐呈现出来。砖砌结构与地面相接，未被架高。开窗上方都会采用木质材料，以减少钢材的使用，从而大大降低了成本。这种结构既可以满足预算要求，又可以带来一种美感。从外部看窗户是随机设置的，但在内部有着特定的空间功能。

这栋住宅的起居空间面向阳光充足的北侧花园，储物空间和服务空间则设在南面。设计团队重新调整了住宅的朝向，尽可能多地引入自然，并确保北侧花园阳光充足。就墨尔本的气候而言，这是一种非常理想的方式。所有窗户均安装双层玻璃，外部配以固定的遮阳篷，以起到遮阳的作用。花园内埋入了一个巨大的水箱，屋顶的积水都被收集起来，用来冲厕所和浇灌花园。

此外，高品质并具可持续性的材料贯穿整个设计。板岩是一种天然材料，其生产过程不会耗费资源，也不含有过多的化学物质，而且可以反复利用。板岩屋顶除了看上去非常美观之外，还坚固、耐用，且无须维护。

设计者打造了一栋需要去探索的住宅，其设计并不是出于展示的需要，而是为了满足居住者的个人体验和不断变化的需求。

450

450

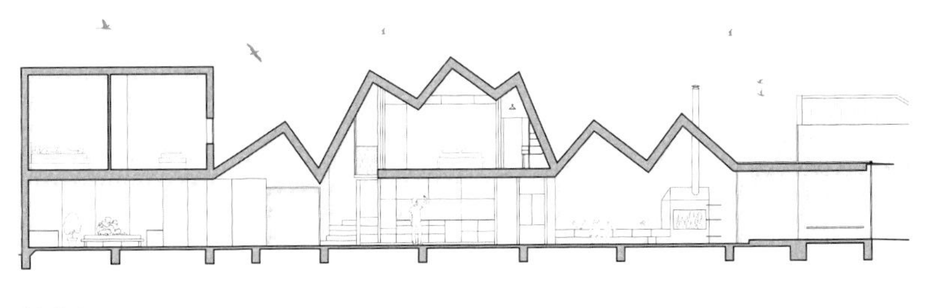

剖面图

立面图

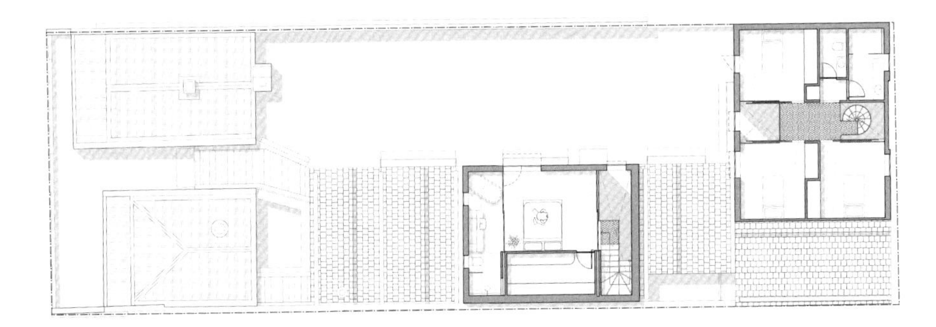

二层平面图

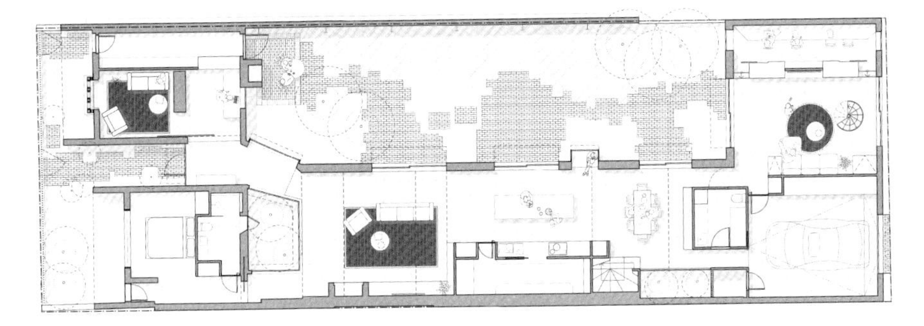

一层平面图

诺丁山复式住宅

项目地点：
英国，伦敦
完成时间：
2019
设计：
Francesco Pierazzi 建筑事务所
摄影：
洛伦佐·赞德里（Lorenzo Zandri）

业主希望对一栋复式公寓进行改造，设计团队将现有的屋顶空间改造成居住空间，并对室内空间进行优化。

设计团队面临的挑战是改造一个贯穿一到三层的室内空间，并最大限度地增加室内空间的面积。他们认为不同的空间会给使用者的身心带来不同的刺激，精心的设计可以让使用者在静态空间内获得动态体验。团队对中间楼层进行了重新布置，旨在减少流通区域，为卧室和服务区域腾出更多的空间。

房子的立面是无装饰砖墙，而作为附属空间的楼梯井以桦木胶合板为覆面。同时，设计团队尽可能地突出木材的自然属性。为了增加趣味性，设计团队使用了一些对比鲜明的材料，使稀缺材料和普通材料相融合：稀缺的大理石、灰色的乙烯基瓷砖和普通的白色石砖、桦木胶合板等材料形成鲜明对比，达到了设计团队想要的效果。

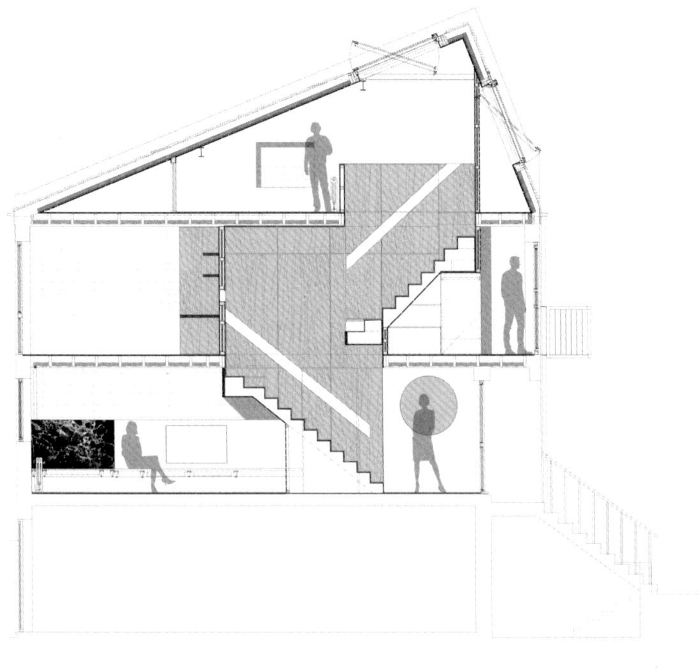

剖面图

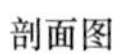

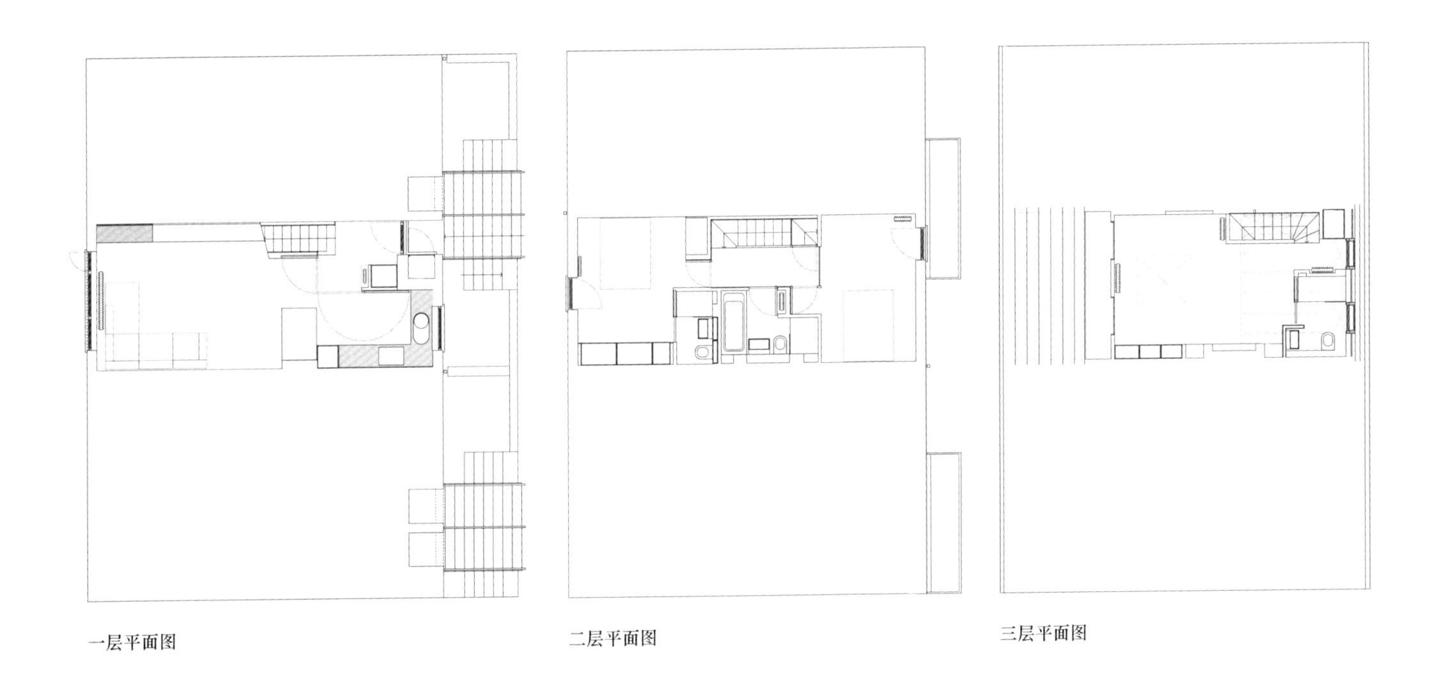

一层平面图

二层平面图

三层平面图

C 住宅

项目地点：

瑞士，莱谢勒

完成时间：

2018

设计：

17 建筑设计工作室

摄影：

迪伦 · 佩勒努（Dylan Perrenoud）

有些房子是在没有考虑周围环境的情况下建造的，它们就像是在空地中拔地而起的突兀结构。位于郊区的 C 住宅就是如此。

虽然房子周围有漂亮的绿色景观，但是建筑本身是封闭的，而且距离配套的花园很远。设计团队对整栋住宅进行重新规划，大门面向花园敞开，住宅周围的空间也被逐一展开。

整个建筑结构大致分为三个主要部分：解决了住宅多个入口问题的混凝土底座；可以让住户欣赏到风景全貌的玻璃外墙；由几根细长的镀锌立柱支撑的轻盈屋顶。屋顶边角尖锐，边缘进行了切割，以便与环境相融，并与现有住宅相匹配。结构的表达也被简化，避免出现任何多余的元素。因此，扩建后的住宅看似简单，却不失雅致。

从内部看，住宅的公共空间得到了扩展。同时，高差的存在使得空间被划分成了多个区域，营造了一种舒适的氛围，而且与外部环境产生了直接的联系。由此产生的室内空间变成了一个多功能客厅，并充当了住宅和花园之间的过渡空间，从这里可以欣赏到令人惊叹的开放性景观。

剖面图

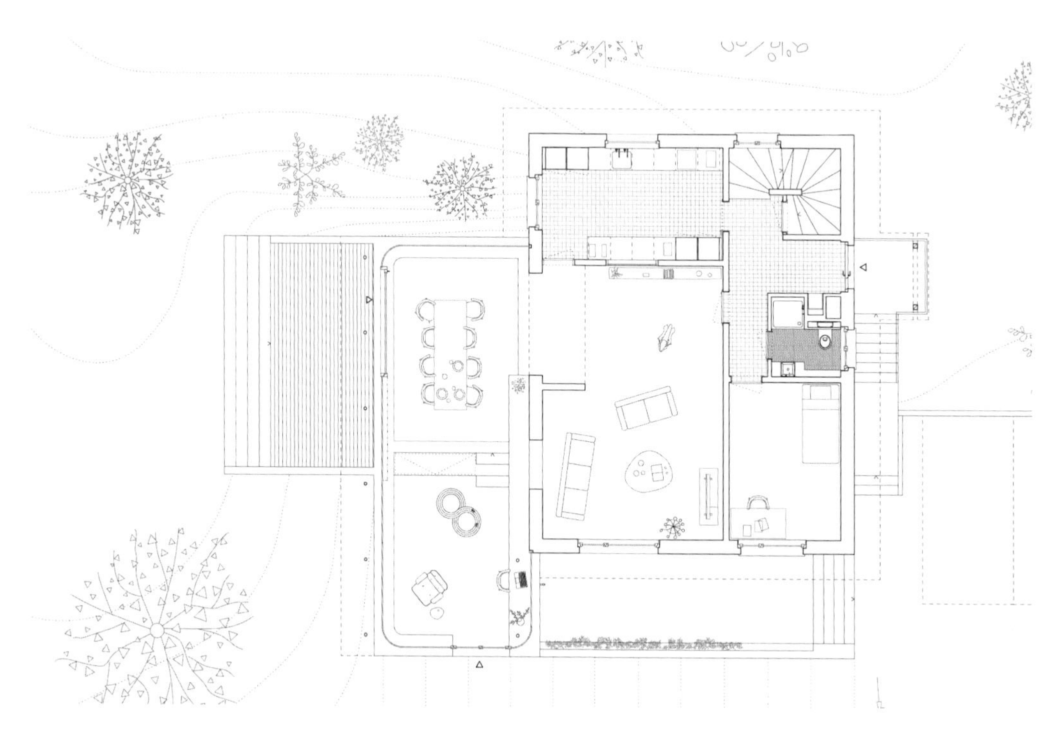

平面图

羽根木町住宅

项目地点：

日本，东京

完成时间：

2019

设计：

Camp 设计公司

摄影：

长谷川健太（Kenta Hasegawa）

这个项目是对一栋轻型木结构建筑进行改造。与传统的建造方法相比，轻型木结构建筑在施工时的灵活性较差。在原建筑中，一楼的一面承重墙将室内空间分成规整的四方形；二楼有一个宽敞的空间，由中央的墙壁和横梁支撑。由于这两个楼层的平面构造难以进行改造，因此，设计团队将改造重点放在建筑的外墙上。

该住宅虽然位于主干道附近，周围却是一片安静的住宅区。这片区域还有专门为在附近工作的上班族打造的公寓和住宅。关于建筑的外墙颜色，设计团队参考附近房子的外墙颜色，并在此基础上加深了一些。现有的颜色使这栋建筑像是城镇景观的一部分。除了墙体部分，他们还考虑了房屋的结构、隔热、采光、通风等基本性能。

值得一提的是，考虑到这是一栋轻型木结构建筑，设计团队决定将推拉门作为墙壁的一部分。另外，他们还选择了木头材质的折叠屏风、门把手和杠杆手柄，为居住空间营造温暖的氛围。

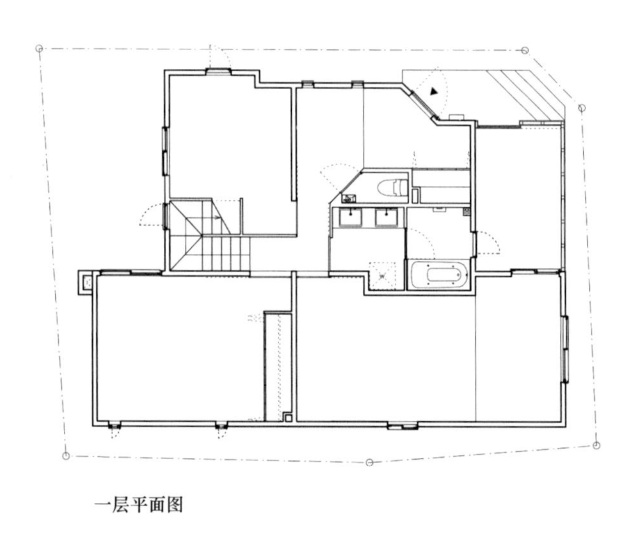

一层平面图

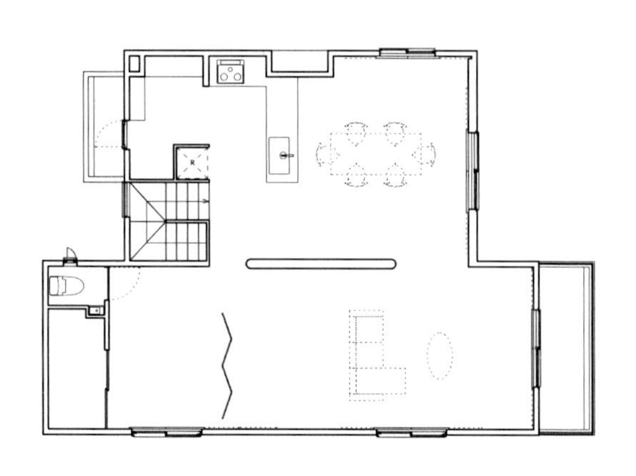

二层平面图

四代人共同居住的住宅

项目地点：
日本，东京
完成时间：
2017
设计：
鬼头知巳建筑设计事务所
摄影：
重田聪（Satoshi Shigeta）

项目旨在对东京一栋现有的两层木结构住宅的室内空间进行改造。

这栋房屋约建于40年前，业主是一对年轻夫妇。他们和儿子以及女主人的父母共同居住在这里。后来，他们独自居住在远离东京的乡下的祖母也搬到这里居住。因此，业主希望对住宅进行改造，以满足四代人共同居住的需求。因为每个家庭成员的日常行为模式都不一样，所以设计的重点是创造一个能够增进同一屋檐下居住的几代人之间交流的环境。

设计团队发现原有的空间被分割成多个小的功能区，它们既不对外部环境开放，也不对彼此开放，导致室内空间采光不佳，通风不畅。因此，设计团队认为采光和通风问题是改造的关键所在。他们对房间的布局进行了仔细研究，充分利用原有的窗户，从而最大限度地增加自然采光和通风。

公共空间面向所有家庭成员开放，而且每层都设有公共设施，类似于合住的生活环境。此外，这里的天花板是悬吊起来的，以增强室内空间与外部环境的自然联系，并最大限度地将自然光线引入室内。

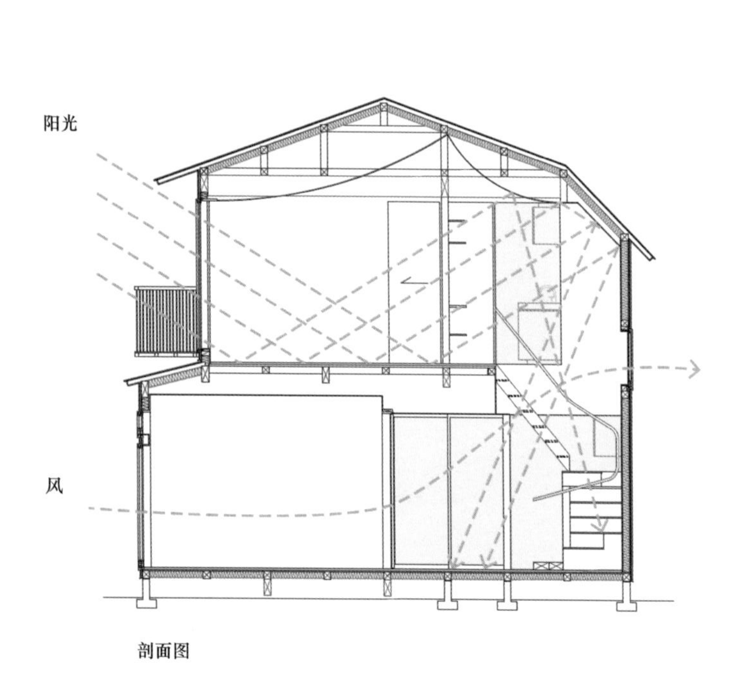

剖面图

设计团队发现原有的房屋在结构上是不稳定的，缺少必要的结构支撑。因此，他们决定借助支撑梁和结构胶合板进行加固，同时对原有结构组件进行优化。

最终，四代人生活在同一屋檐下，享受着这个光照充足、通风良好的居住空间。

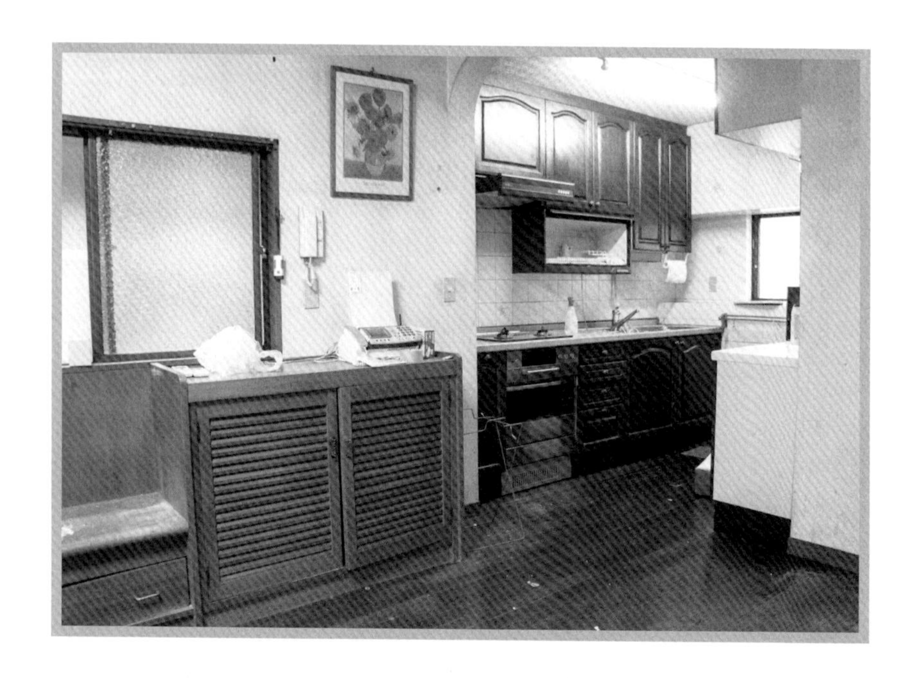

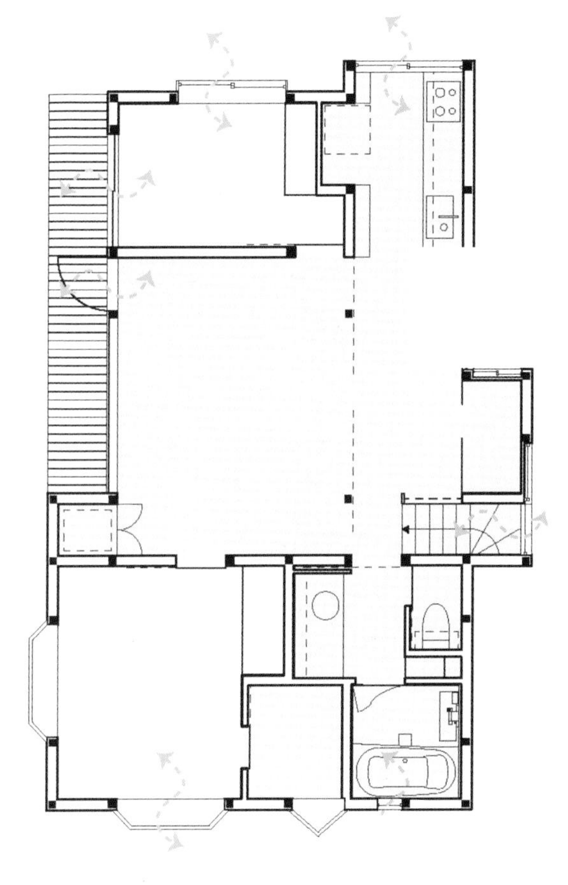

二层平面图

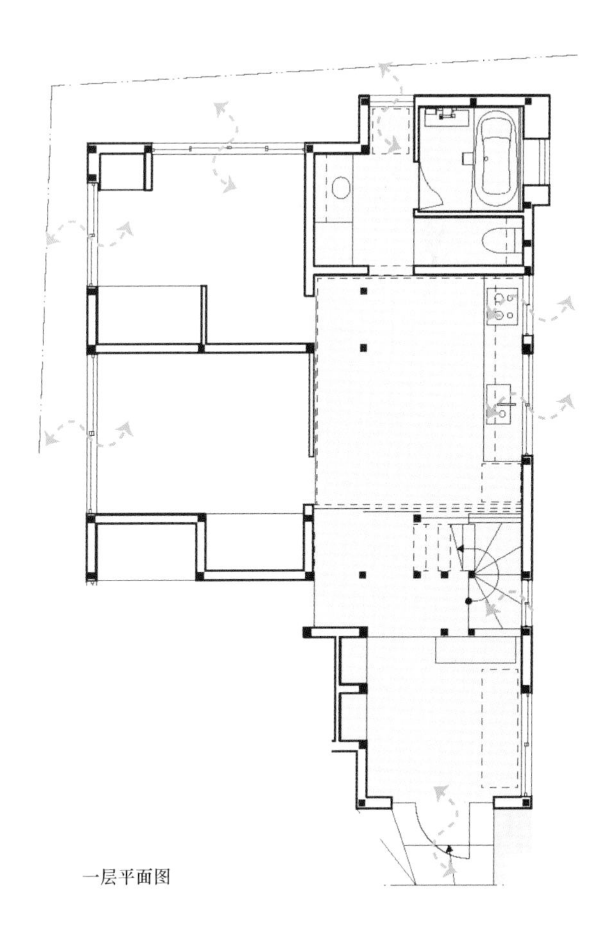

一层平面图

CANDID 住宅

项目地点：
泰国，曼谷
完成时间：
2018
设计：
INchan 工作室
摄影：
提莎拉 · 尚提普（Tharisra Chantip）

这是为一对新婚夫妇改造的联排别墅，他们有着共同的职业——摄影师。 因此，这栋房子不仅仅是一处住所，还是一个小型的摄影工作室，甚至还包含暗房和摄影展厅。

原建筑的窗户较小，所以自然采光和通风情况较差。此外，这栋房子采用错层式结构，整体布局自动分成两部分。因此，对设计师来说，将两部分顺畅地联系起来是一项不小的挑战。

设计团队在房屋正中央设置了一个梯井，希望将这里打造成业主的摄影展厅。他们通过拆除天花板来尽可能地增加空间的高度，将自然光引入室内，并搭配灵活的人工照明系统，这是设计的关键。此外，团队还设计了新的窗户，以引入更多的自然光，并改善房子的通风状况。最后，他们选用的新楼梯栏杆也为这栋房子增色不少。

经过改造的联排别墅很好地反映了曼谷这座城市的生活气息，同时也满足了业主的工作和生活需求。

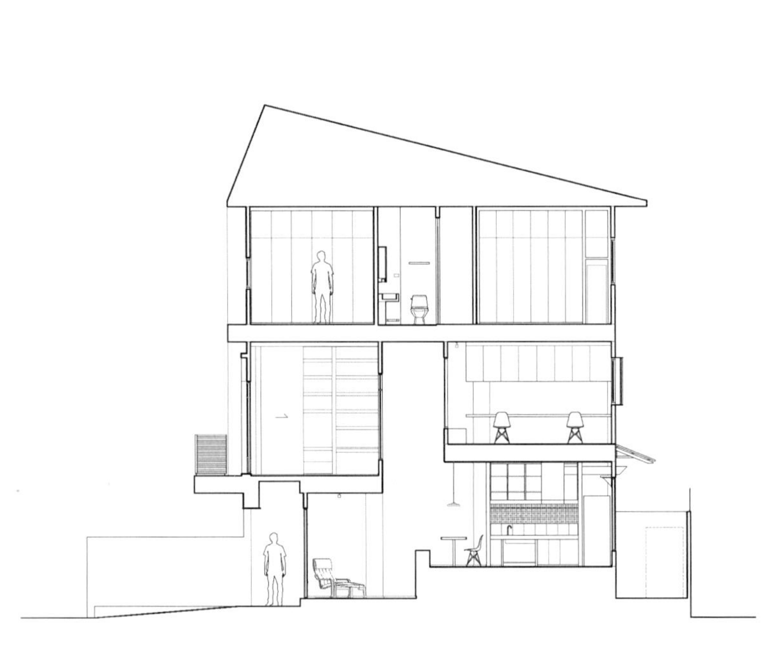

剖面图

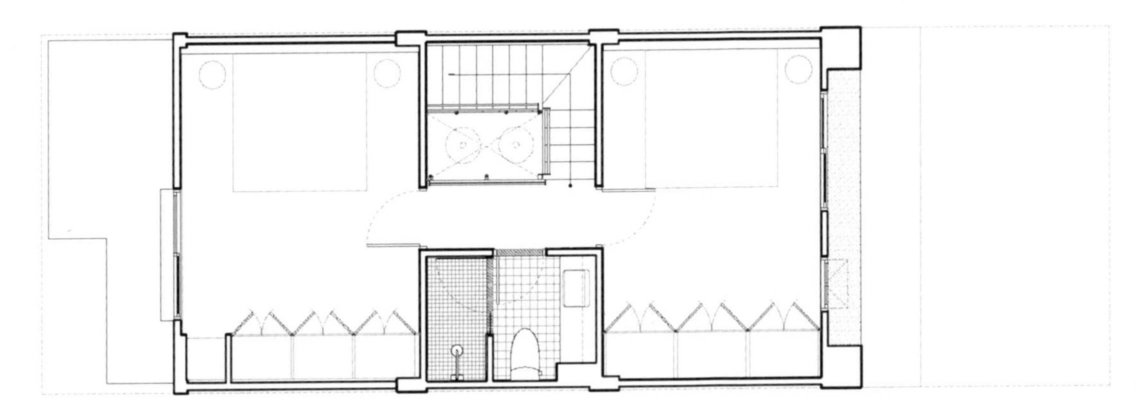

三层平面图

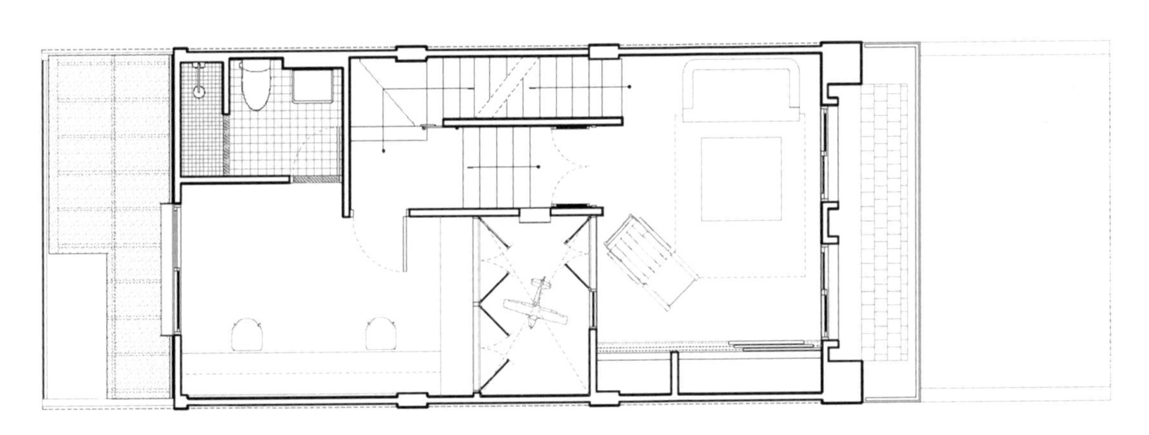

二层平面图

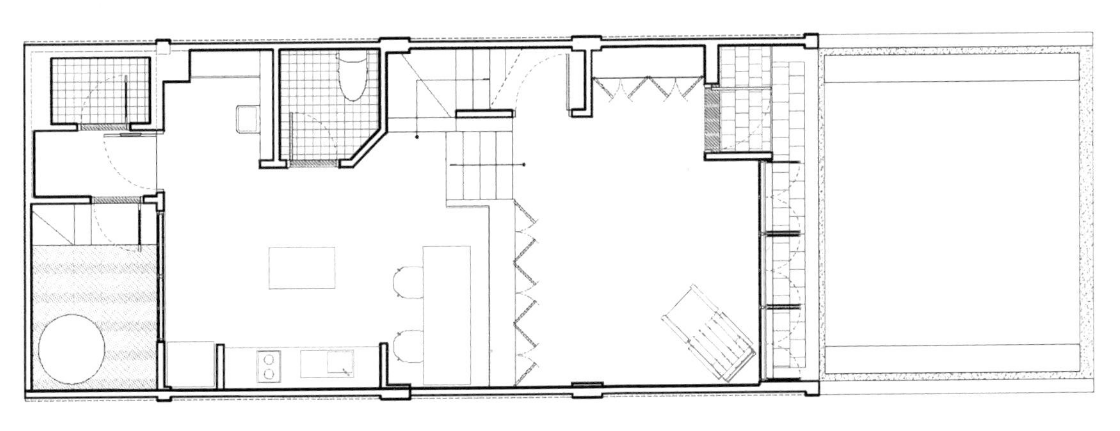

一层平面图

大山崎町的住宅

项目地点：

日本，京都市

完成时间：

2020

设计：

小田真平建筑事务所，Loowe 工作室

摄影：

山内德仁（Norihito Yamauchi）

该项目是对一栋建于 1968 年的钢筋混凝土结构的联排别墅进行翻新。

这栋住宅中央的房间无法获得自然采光，导致空间有些昏暗。同时，与大多数钢筋混凝土建筑一样，这栋住宅的结构承重墙难以拆除。因此，设计团队保留了承重墙。他们没有通过走廊将各个空间联系起来，而是试着调整整体布局，建立起一条流畅的动线，使各个空间连接得更为自然。于是，功能性空间取代了原来空置的走廊，日常生活中所需的各种活动场所彼此相连，鼓励业主在室内四处走动、休息或开展娱乐活动。此外，设计团队将二楼的墙壁换成屏风，楼梯间因而变得明亮起来。

住宅原有的花园因多年来无人打理而变得杂乱荒凉，其中生长着很多根系牢固的植物。经过美化和修剪，花园恢复了生机。如今，光线可以从花园进入室内，并经由白色的墙壁进一步反射到室内空间的更深处。

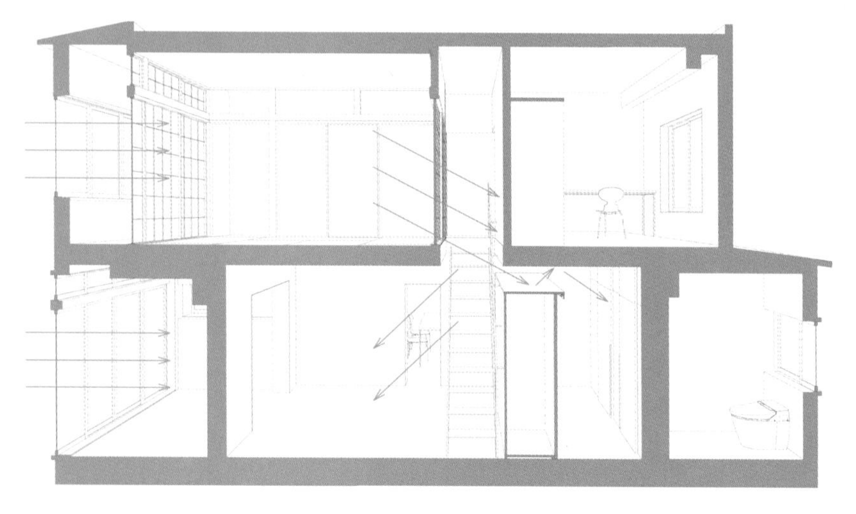

剖面图

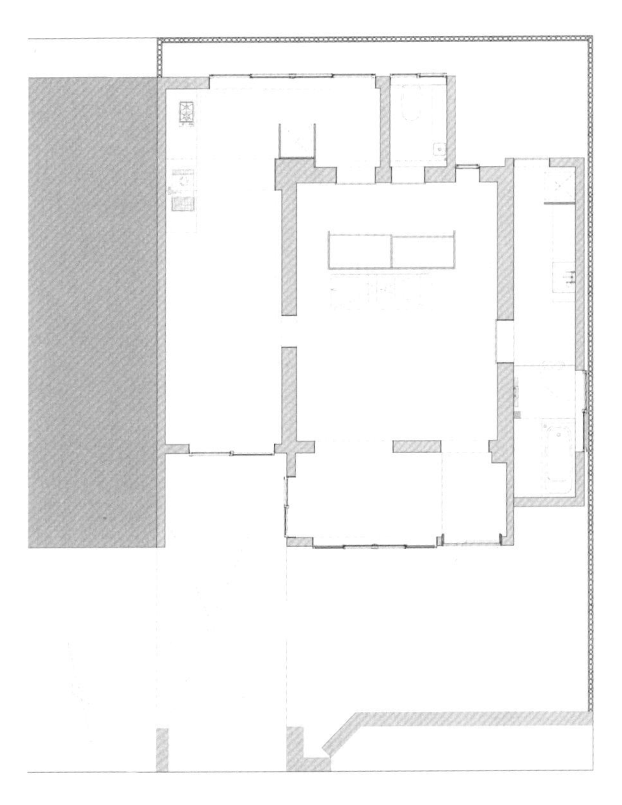

一层平面图

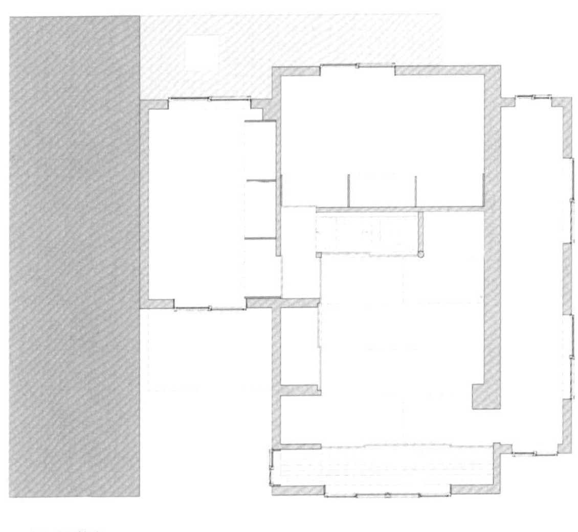

二层平面图

库鲁别墅

项目地点：
美国，约书亚树国家公园
完成时间：
2019
设计：
MINI INNO 建筑事务所
摄影：
Stanley Yang 摄影

库鲁别墅位于加利福尼亚州约书亚树国家公园内，原有房屋建于1966年。多年来，先前的房主对房屋进行了多次升级改造，但并没有彻底改善房屋的状况。设计团队决定重新开始，对房屋内部进行彻底改造。

业主将这个房屋定义为度假别墅，因此，设计团队希望营造一种轻松的氛围。为了最大限度地利用室外的沙漠景观，团队决定保持室内空间的中性色调。同时，他们认真观察一些细微之处，例如，在一天中的不同时段，光线投射到墙上形成不同的影像，以此寻找设计灵感。旧车库背靠巨石山，面向西侧风景，位置极佳，于是，他们将车库改造成茶室，从整体上营造一种宁静感。

设计团队希望在别墅内打造一个用来冥想和放松的房间，这个房间向大自然敞开。他们在房间的两侧安装了两个拉门，其中一个面向巨石山和仙人掌花园，另一个面向西侧广阔的沙漠景观。同时，他们还设置了两个靠窗的长凳，并且精心挑选了低矮的咖啡桌和地垫，业主可以坐在这里饮茶，欣赏美景，聆听大自然的声音。

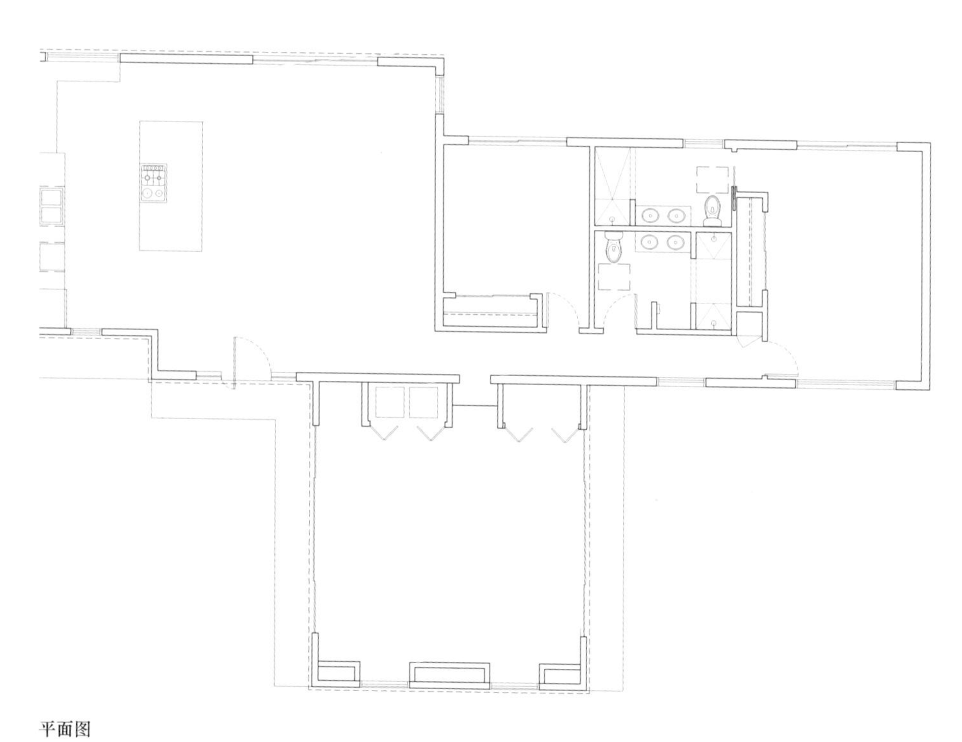

平面图

KINFOLK

蒙特卡达住宅

项目地点：
西班牙，加泰罗尼亚
完成时间：
2019
设计：
Hiha 工作室
摄影：
波尔·维拉多姆斯（Pol Viladoms）

原建筑位于一个陈旧的工人社区内，建于 1925 年，外墙设计非常简单，是用非常基础的材料打造的。房子在 20 世纪 60 年代进行过翻修，变成了一栋两居室的单层住宅。卧室没有窗户，通风和采光情况不佳。另外，住宅后方也没有露台。

设计团队对位于两堵共用隔墙之间的单层空间进行了改造。他们在住宅后院设置了露台，并使客厅与露台相连，既保证了空间的私密性，又改善了采光情况。连接入户门和客厅的是一个独特的曲面走廊。通常情况下，这种小户型住宅的流线是较为单一的，而这栋住宅的曲面墙体创造了一个动态的活动空间，增加了空间的趣味性。

沿街立面有三个矩形开口结构。其中两个是窗户，窗外安装了陶瓷方格隔栅，增加了住宅的私密性；另一个是入户门，也采用了同样的方格元素，以保证立面风格的统一。

设计团队喜欢中性色调的空间。他们将墙壁和天花板漆成白色，以便与地板形成对比。所有垂直的弧形体块则选用了浅灰色，它们位于弧形天花板下方，使弧形结构得到了延展。

26

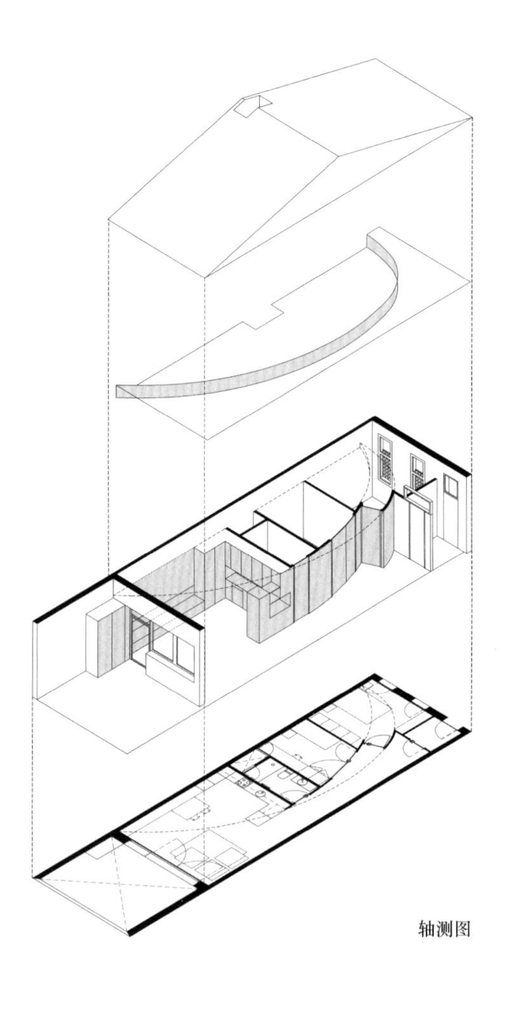

轴测图

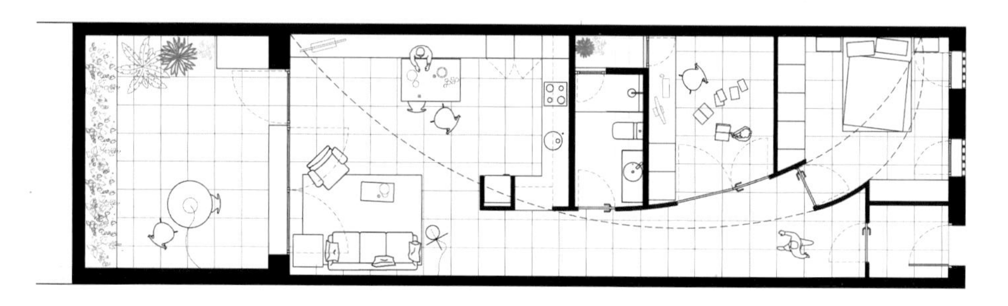

平面图

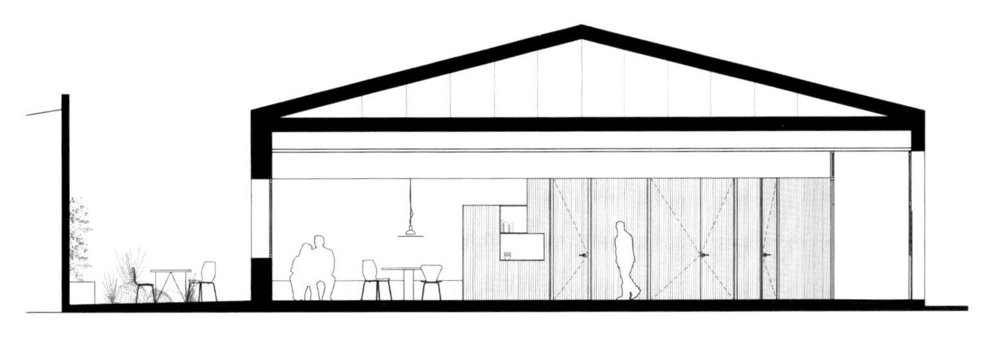

剖面图

西班牙小公寓

项目地点：

西班牙，巴塞罗那

完成时间：

2016

设计：

Egue y Seta 工作室

摄影：

VICUGO 摄影

从窗口投射到室内的光束、彩色涂料、纹理、家具共同点缀着这个位于巴塞罗那伊克桑普区的小公寓。

男主人是一位工业设计师，女主人是一位教师。舒适的空间不仅满足了他们的基本居住需求，还对两位年轻的业主拥有的与家具、艺术和文学有关的藏品进行了展示。然而对他们来说，最重要的并不是那幅挂在墙上的版画，也不是那件在单调空间里十分醒目的当代工业设计的经典之作，而是他们刚满四岁的儿子若阿金（Joaquim）——这个孩子正打算用他那些并不贵重却丰富多彩的东西占领公寓内的每个角落。

最终，呈现的这个简洁而实用的小公寓明亮、整洁又舒适，随机的鲜艳色块成为空间的焦点、框架或背景。业主夫妇想要一种充满趣味的氛围，这一切正好满足了他们的要求。

667-999
33-4-666
001-333
FURNITURE
domus
PREFAB HOUSES
Wallpaper

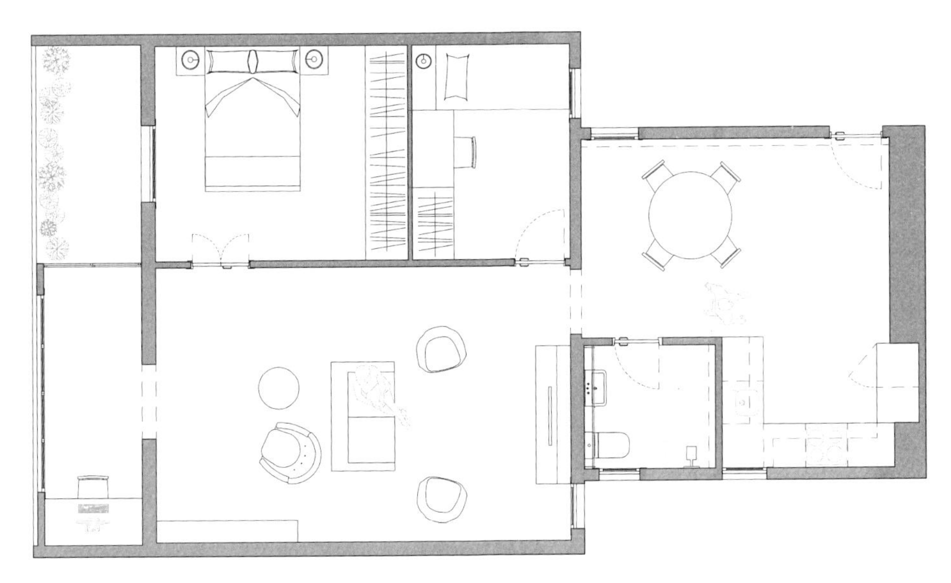

平面图

摄影师的家

项目地点：
英国，伦敦
完成时间：
2018
设计：
Hugh Strange 建筑事务所
摄影：
大卫·格兰多戈（David Grandorge）

这是一位摄影师的家，设计团队对原有房子进行了改造。

这栋三层住宅位于一处建有众多维多利亚式联排住宅的区域，从街道上看，其与相邻房屋高度一致。虽然这是一栋相当大的房子，但其原有的空间相对受限，与后方的花园基本没有联系。

设计团队打造了一个全新的、面向花园的共享空间，而卧室和浴室所在的空间基本保持原状。他们通过向外、向下扩展，创造了额外的空间，对原有的地下室也进行了开发，以提供更多的空间。对楼上的结构也进行了调整，以形成通高的厨房空间，让自然光线可以从内院照进空间深处。

全新的钢架成为这个扩建空间的核心结构，支撑着上方的建筑主体。设计方案的核心问题是如何处理房子与花园之间的关系及钢架和细木工制品之间的关系。嵌入式家具和独立式家具均是用落叶松木打造的，与钢架的网格结构形成鲜明对比。这些家具沿着空间排列，既互相联系又各自独立。

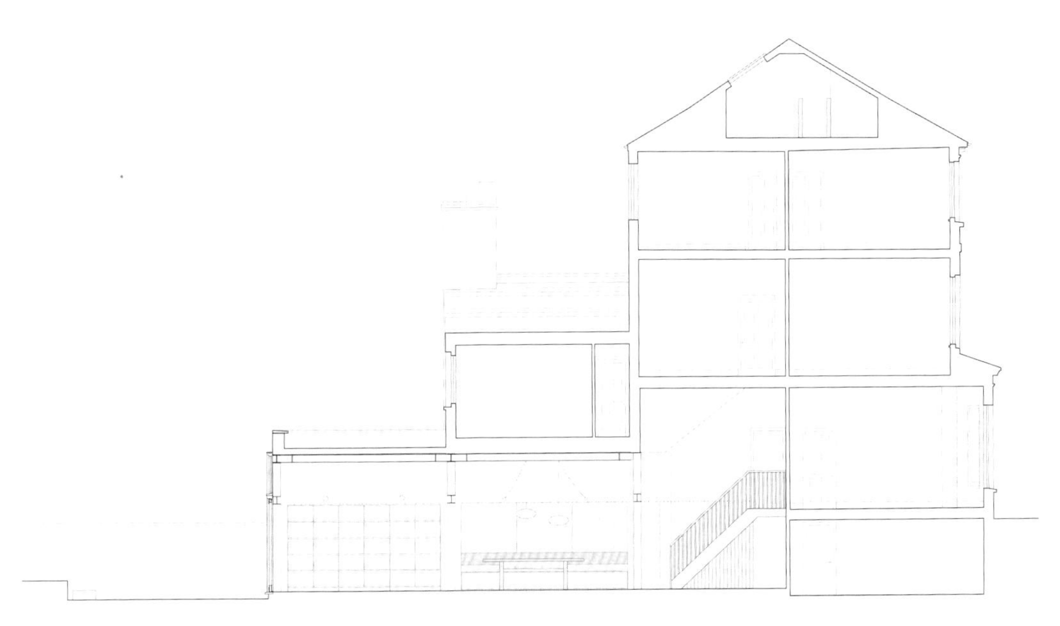

剖面图

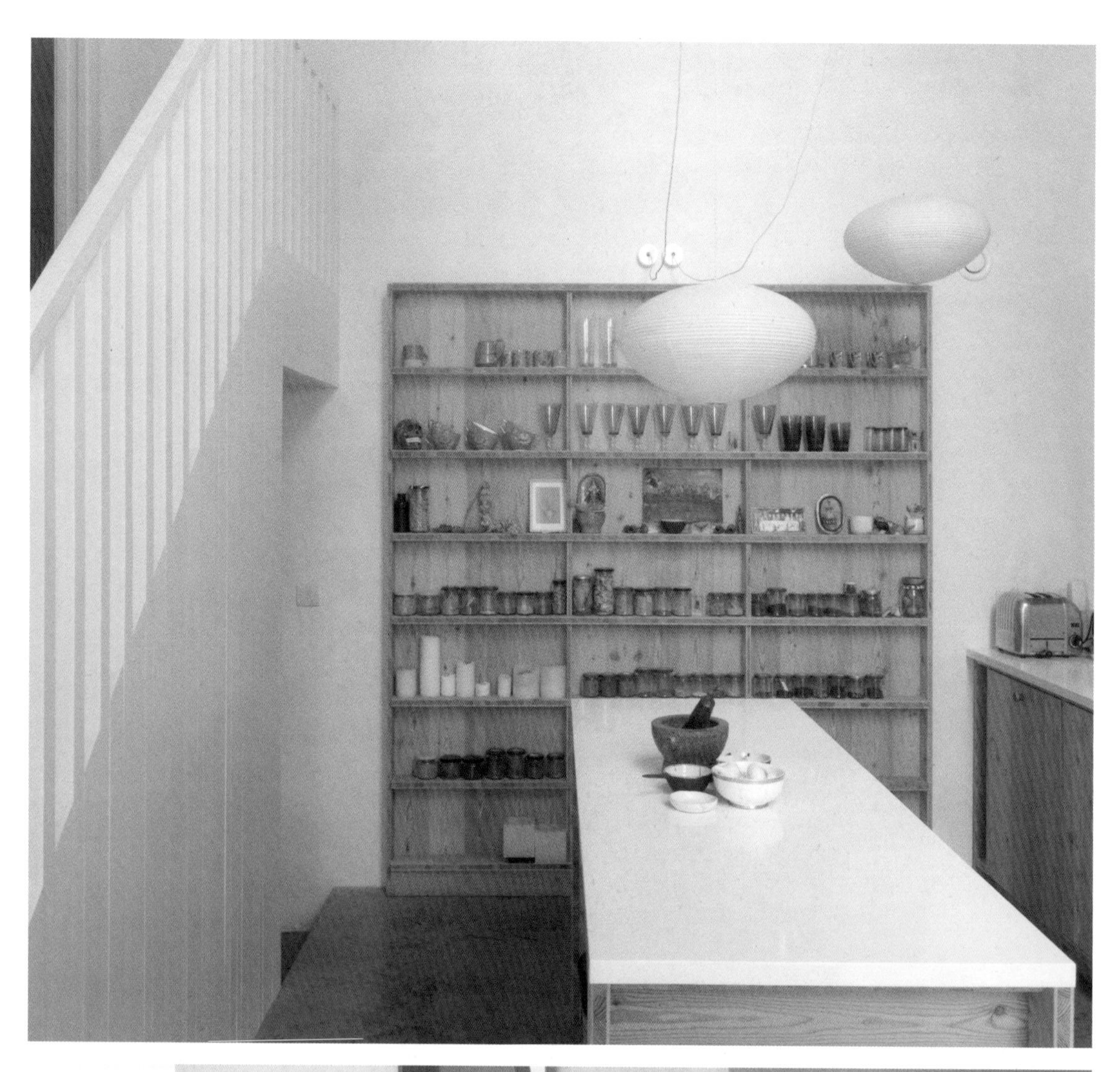

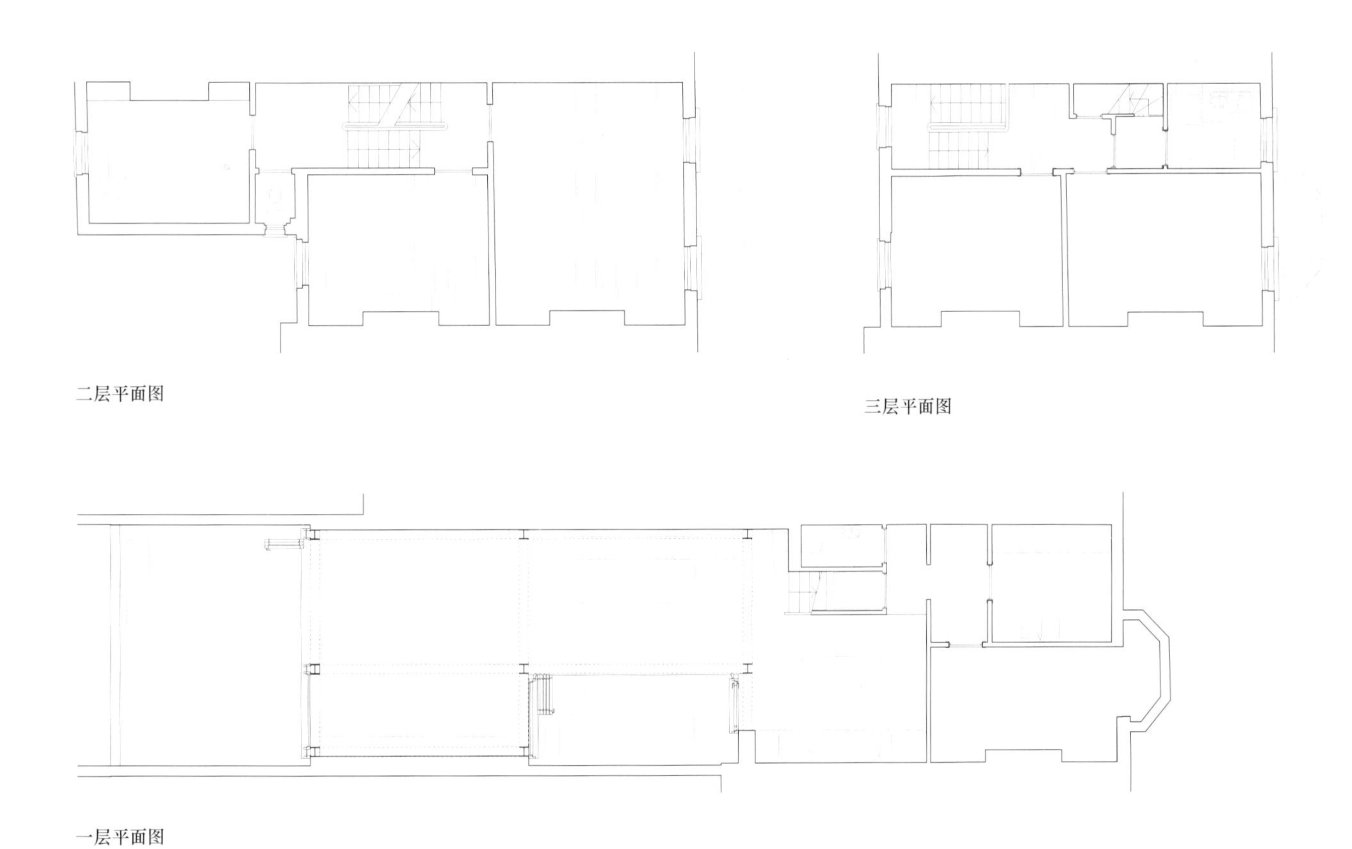

二层平面图

三层平面图

一层平面图

索引

Jamison 建筑事务所
P004
www.jamisonarchitects.com.au

Jost 建筑事务所
P046
www.jostarchitects.com

MINI INNO 建筑事务所
P200
www.miniin.no

Nic Owen 建筑事务所
P108
www.nicowenarchitects.com.au

NONG 工作室
P098
www.nong-studio.com

Paulo Martins 建筑设计事务所
P116
www.paulomartins.com.pt

Peter Legge 建筑事务所
P036
www.plaarchitects.ie

SHED 建筑设计事务所
P070
www.shedbuilt.com

Zero 工作室
P134
www.facebook.com/zerostudioofficial

鬼头知巳建筑设计事务所
P172
www.tomomikito.com

小田真平建筑事务所，Loowe 工作室
P190
www.oda-arc.com, www.loowe.jp

图书在版编目(CIP)数据

住宅改扩建 / (英) 弗朗西斯科・皮耶拉齐 (Francesco Pierazzi) 编；潘潇潇译. — 桂林：广西师范大学出版社，2022.6
ISBN 978-7-5598-4986-1

Ⅰ. ①住… Ⅱ. ①弗… ②潘… Ⅲ. ①住宅-改建②住宅-扩建
Ⅳ. ① TU241

中国版本图书馆 CIP 数据核字 (2022) 第 080926 号

住宅改扩建
ZHUZHAI GAIKUOJIAN

责任编辑：季　慧
助理编辑：杨子玉
装帧设计：吴　迪

广西师范大学出版社出版发行
（广西桂林市五里店路 9 号　　邮政编码：541004
网址：http: //www.bbtpress.com）
出版人：黄轩庄
全国新华书店经销
销售热线：021-65200318　021-31260822-898
恒美印务（广州）有限公司印刷
（广州市南沙区环市大道南路 334 号　邮政编码：511458）
开本：889mm × 1 194mm　　1/16
印张：15　　字数：118 千字
2022 年 6 月第 1 版　　2022 年 6 月第 1 次印刷
定价：228.00 元